计算机应用与职业技术实训系列

中文 Photoshop CS4 图像处理
实 训 教 程

周卫民 编

西北工业大学出版社

【内容简介】本书为计算机应用与职业技术实训系列教材之一。主要内容包括 Photoshop CS4 概述、Photoshop CS4 的基本操作、创建与修饰选区、绘制与修饰图像、图像颜色校正、图层的应用、通道与蒙版的应用、路径与形状的应用、文本的处理、滤镜的应用以及行业应用实例。

本书通俗易懂，操作步骤叙述详细，既可作为 Photoshop 培训教材，也可供广大平面设计爱好者和专业设计人员参考。

图书在版编目（CIP）数据

中文 Photoshop CS4 图像处理实训教程/周卫民编. —西安：西北工业大学出版社，2010.11
（计算机应用与职业技术实训系列）
ISBN 978-7-5612-2935-4

Ⅰ．①中…　Ⅱ．①周…　Ⅲ．①图形软件，Photoshop CS4—技术培训—教材　Ⅳ．①TP391.41

中国版本图书馆 CIP 数据核字（2010）第 214692 号

出版发行：西北工业大学出版社
通信地址：西安市友谊西路 127 号　　　　　邮编：710072
电　　话：（029）88493844　88491757
网　　址：www.nwpup.com
电子邮箱：computer@nwpup.com
印　刷　者：陕西宝石兰印务有限责任公司
印　　张：15
字　　数：396 千字
开　　本：787 mm×1 092 mm　1/16
版　　次：2010 年 11 月第 1 版　　　2010 年 11 月第 1 次印刷
定　　价：26.00 元

前　言

计算机的日益普及，极大地改变了人们的工作和生活方式，越来越多的人在积极学习计算机知识，掌握相关软件的使用方法，努力与现代社会同步。其中更多的人学习计算机知识是为了进一步提高自身的职业能力和职业素质，以适应激烈的职场竞争。为了满足读者的实际需求，我们精心编写了这套"计算机应用与职业技术实训系列"教材。

本系列教材从便于广大读者学习计算机知识的目的出发，根据国家教育部最新颁布的计算机教学大纲及人事部、信息产业部、劳动和社会保障部对计算机职业技能培训的要求，结合作者多年的教学实践经验，在听取了广大计算机初学者的意见和建议的基础上编写而成。全套书**突出为职业教育量身定制的特色，满足就业技能的培训要求，以工作任务为导向，以培养职业能力为核心，以工作实践为目的**。在理论与实践紧密结合的基础上进一步把内容做"**精**"，把形式做"**活**"，既利于教师上课教学，又便于读者理解掌握，使读者用最少的时间和金钱去获得最多的知识，并能真正地应用于实际工作中。

本书内容

Photoshop CS4 是 Adobe 公司推出的图形图像处理软件。它提供了丰富的绘图功能及无限的创作空间，无论是专业设计人员，还是普通用户，都能通过 Photoshop CS4 尽情地自由创作，充分展现出图像的艺术视觉效果。

全书共分 11 章。第 1 章主要介绍了 Photoshop CS4 的基础知识；第 2 章主要介绍了 Photoshop CS4 的基本操作；第 3 章主要介绍了创建与修饰选区；第 4 章主要介绍了绘制与修饰图像；第 5 章主要介绍了图像颜色校正；第 6 章主要介绍了图层的应用；第 7 章主要介绍了通道与蒙版的应用；第 8 章主要介绍了路径与形状的应用；第 9 章主要介绍了文本的处理；第 10 章主要介绍了滤镜的应用；第 11 章介绍行业应用实例。

特色展示

☑ 完整的教学体系和规范的课程安排，切合职业培训需要

本书是一本体系完整的计算机职业培训教材。其选材全面，编排讲究，既可作为计算机职业培训教学用书，也可作为各大中专院校计算机相关专业教材，还可供计算机爱好者自学参考。

☑ **实例驱动的教学模式，紧扣教学需求**

本书将实用易学的实例贯穿于各个章节，不但可以调动读者的兴趣，而且能够最大限度地锻炼读者的实际操作能力。

☑ **图像解说的写作手法，便于学习掌握**

本书以活泼直观的图解方式来代替呆板的文字说明，使读者真正实现直观地学习，使学习的过程更加轻松有效。

☑ **结构设置合理，利于读者实践**

本书从最基础的理论知识讲起，在各章都附有重点提示，让读者有针对性地学习本章内容。同时在重点知识的讲解过程中配以"注意""提示""技巧"等精彩点拨，帮助读者更加准确地完成操作。

☑ **免费提供电子课件，活跃教学氛围**

为了方便教师开展教学活动，提高教学效果，我们将为教师免费提供与教材配套的电子课件及相关素材。

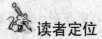 **读者定位**

☑ **需要接受计算机职业技能培训的读者**

☑ **全国各大中专院校相关专业的师生**

☑ **计算机初、中级用户**

由于水平有限，疏漏之处在所难免，敬请读者朋友批评指正。

编　者

目　录

第 1 章　Photoshop CS4 概述

Photoshop 软件多年来一直深受广大平面设计人员的青睐，它也是目前功能最强大、应用最广泛的图像处理软件。本章将向用户介绍一些 Photoshop CS4 的基础知识，通过本章的学习，读者可对 Photoshop CS4 有一个初步的认识。

本章重点

（1）Photoshop 简介
（2）启动与退出 Photoshop CS4
（3）Photoshop CS4 的界面
（4）图像处理的基本概念

1.1　Photoshop　简　介

Photoshop 是美国 Adobe 公司开发的图形图像处理软件。它的出现不仅使人们告别了对图像进行修整时的传统手工方式，而且能够通过创建者自己的意愿，制作出现实世界里无法拍摄到的图像效果。无论是对于设计师还是摄影师来说，Photoshop 都提供了无限的创作空间，为图像处理开辟了一个极富弹性且易于控制的世界。对于普通用户来说，Photoshop 同样也提供了一个前所未有的自我表现的舞台。用户可以尽情发挥想像力，充分展现自己的艺术才能，设计出令人赞叹的平面作品。

Photoshop CS4 是 Adobe 公司于 2008 年 9 月 23 日正式推出的最新版本的软件，它在 Photoshop CS3 的基础上有了诸多改进，包括对文件浏览器、色彩管理、消失点特性、图层面板的改进等，并增加了 3D 等功能，从而使 Photoshop 的功能又获得进一步的增强，这也是 Adobe 公司历史上最大规模的一次产品升级。

1.1.1　Photoshop 的基本功能

Photoshop 的功能十分强大。它可以支持多种图像格式，也可以对图像进行修复、调整以及绘制。综合使用 Photoshop 的各种图像处理技术，通过各种工具、图层、通道、蒙版与滤镜等可以制作出各种特殊的图像效果。

1. 丰富的图像格式

作为强大的图像处理软件，Photoshop 支持多种图像格式与颜色模式的文件。这些图像格式包括 PSD/PDD，EPS，TIFF，JPEG，BMP，RLE，DIB，FXG，IFF，TDI，RAW，PICT，PXR，PNG，SCT，PSB，PCX 和 PDF 等。利用 Photoshop 还可以将某种图像格式另存为其他图像格式。

2. 选取功能

Photoshop 可以在图像内对某区域进行选择，并对所选区域进行移动、复制、删除、改变大小等操作。选择区域时，利用矩形选框工具或椭圆选框工具可以实现规则区域的选取；利用套索工具可以实现不规则区域的选取；利用魔棒工具或色彩范围命令则可以对相似或相同颜色的区域进行选取，并可结合"Shift"或"Alt"键增加或减少某区域的选取。

3. 图案生成器

图案生成器滤镜可以通过选取简单的图像区域来创建现实或抽象的图案。由于采用了随机模拟和复杂分析技术，因此，可以得到无重复并且无缝拼接的图案，也可以调整图案的尺寸、拼接平滑度、偏移位置等。

4. 修饰图像功能

利用 Photoshop 提供的加深工具、减淡工具与海绵工具可以有选择地调整图像的颜色饱和度或曝光度；利用锐化工具、模糊工具与涂抹工具可以使图像产生特殊的效果；利用图章工具可以将图像中某区域的内容复制到其他位置；利用修复画笔工具可以轻松地消除图像中的划痕或蒙尘区域，并保留其纹理、阴影等效果。

5. 多种色彩模式

Photoshop 支持多种图像色彩模式，包括位图模式、灰度模式、双色调模式、RGB 模式、CMYK 模式、索引颜色模式、Lab 模式、多通道模式等，同时还可以灵活地进行各种模式之间的转换。

6. 色调与色彩功能

在 Photoshop 中，利用色调与色彩功能可以很容易地调整图像的明亮度、饱和度、对比度和色相。

7. 旋转与变形

利用 Photoshop 中的旋转与变形功能可以对选择区域中的图像、图层中的图像或路径对象进行旋转与翻转，也可对其进行缩放、倾斜、自由变形与拉伸等操作。

8. 滤镜功能

利用 Photoshop 提供的多种不同类型的内置滤镜，可以对图像制作各种特殊的效果。例如，打开一幅图像，为其应用风格化滤镜中的浮雕效果，效果如图 1.1.1 所示。

图 1.1.1 应用风格化滤镜中的浮雕效果前后对比

9. 图层、通道与蒙版

利用 Photoshop 提供的图层、通道与蒙版功能可以使图像的处理更为方便。通过对图层进行编辑，如合并、复制、移动、合成和翻转等，可以产生出许多特殊效果。利用通道可以更加方便地调整图像的颜色。使用蒙版则可以精确地创建选择区域，并进行存储或载入选区等操作。

1.1.2　Photoshop CS4 的新增功能

Photoshop CS4 和 Photoshop CS4 Extended 在上一版本的基础上又增加了许多新的功能，使 Photoshop 软件更加完善。

1．界面

在 Photoshop CS4 中将一些常用调整功能放在了标题栏中，使用户处理图像更加方便，如图 1.1.2 所示。

图 1.1.2　调整显示模式

2．调整面板

在 Photoshop CS4 中为创建新的填充或调整图层新增加了一个调整面板，用户可通过图标的形式轻松使用所需的各个工具，对图像进行调整，实现无损调整并增强图像的颜色和色调；新的实时和动态调整面板中还包括图像控件和各种预设，如图 1.1.3 所示。

3．蒙版面板

在 Photoshop CS4 中为蒙版新增加了一个蒙版面板，通过它可快速创建和编辑蒙版。该面板给用户提供所有需要的工具，它们可用于创建基于像素和矢量的可编辑蒙版、调整蒙版密度和羽化、轻松选择非相邻对象等，如图 1.1.4 所示。

　　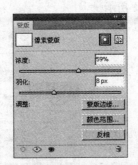

图 1.1.3　调整面板　　　　　图 1.1.4　蒙版面板

4．3D 描绘

在 Photoshop CS4 中，借助全新的光线描摹渲染引擎，可直接在 3D 模型上绘图，用 2D 图像绕排 3D 形状，将渐变图转换为 3D 对象，为层和文本添加深度，还可以实现高质量的打印输出，或将文档导出为常见的 3D 格式。

5．颜色校正

Photoshop CS4 提供了增强的颜色校正功能以及经过重新设计的减淡、加深和海绵工具。在

Photoshop CS4 中，用户可以智能保留颜色和色调详细信息。

6. 内容识别缩放

Photoshop CS4 创新的全新内容感知型缩放功能可以在用户调整图像大小时自动重排图像，在图像调整为新的尺寸时智能保留重要区域。

7 更好地处理原始图像

Photoshop CS4 使用行业领先的 Adobe Photoshop Camera Raw 5 插件，在处理原始图像时可实现出色的转换质量。该插件提供本地化的校正、裁剪后晕影、TIFF 和 JPEG 处理，可支持 190 多种相机型号。

8. 增强的图层混合与图层对齐功能

在 Photoshop CS4 中，使用增强的"自动混合层"命令，可以根据焦点不同的一系列照片轻松创建一个图像，该命令可以顺畅混合颜色和底纹，同时又延伸了景深，可自动校正晕影和镜头扭曲。

使用增强的"自动对齐层"命令可创建出精确的合成内容。通过移动、旋转或变形层可以更精确地对齐图层，也可以使用"球体对齐"命令创建出令人惊叹的 360° 全景。

9. 画布任意角度旋转

在 Photoshop CS4 中，只要单击即可随意旋转画布，可按任意角度无扭曲地查看图像，在绘制过程中无须再转动脑袋。

1.2   启动与退出 Photoshop CS4

安装 Photoshop CS4 后，就会显示 Windows XP 的 **开始** → **所有程序(P)** → **Ps Adobe Photoshop CS4** 程序快捷方式，如图 1.2.1 所示。

图 1.2.1   启动 Photoshop CS4

启动 Photoshop CS4 应用程序的方法有以下两种：

（1）单击菜单中的 Adobe Photoshop CS4 程序快捷方式，即可启动 Photoshop CS4，此时屏幕上将出现 Photoshop CS4 程序界面。

（2）双击桌面 Photoshop CS4 快捷方式图标。

退出 Photoshop CS4 应用程序的方法有以下 3 种：

（1）单击程序窗口右上角的"关闭"按钮 ✕ 。

（2）选择菜单栏中的 文件(F) → 退出(X) 命令。

（3）按"Ctrl+Q"或"Alt+F4"键。

1.3　Photoshop CS4 界面

运行 Photoshop CS4 后，屏幕上将显示如图 1.3.1 所示的界面，该界面中包括菜单栏、工具箱、属性栏、面板以及图像窗口等部件。下面进行详细介绍。

图 1.3.1　Photoshop CS4 界面

1.3.1　工具箱的使用

在默认情况下，工具箱位于 Photoshop CS4 窗口的左侧，其中包括常用的各种工具按钮，使用这些工具按钮可以进行选择、绘画、编辑、移动等各种操作。

如果要对工具箱进行显示、隐藏、移动等操作，具体的操作方法如下：

（1）选择菜单栏中的 窗口(W) → 工具 命令，可显示或隐藏工具箱，显示状态下，此命令前有一个"√"符号。

（2）将鼠标指针移至工具箱的标题栏上（即顶端的蓝色部分），按住鼠标左键拖动，可在窗口中移动工具箱。

如果要使用一般的工具按钮，可按以下任意一种方法来操作。

（1）单击所需的按钮，例如单击工具箱中的"移动工具"按钮，即可用它移动当前图层中的图像。

（2）在键盘上按工具按钮对应的快捷键，可以对图像进行相应的操作，例如按"V"键即可切换为移动工具来选择图像

在工具箱中有许多工具按钮的右下角都有一个小三角形，这个小三角表示这是一个按钮组，其中包含多个相似的工具按钮。如果用户要使用按钮组中的其他按钮，则可按以下几种操作方法来实现。

（1）将鼠标指针移至按钮上，按住鼠标左键不放即可出现工具列表，在列表中选择需要的工具即可。

（2）用鼠标右键单击按钮，系统会弹出工具列表，可在列表中选择需要的工具。

（3）按住"Shift"键不放，然后按按钮对应的快捷键，可在工具列表中的各个工具间切换。

例如，用鼠标右键单击工具箱中的"橡皮擦工具"按钮，可显示该工具列表，在列表中单击背景橡皮擦工具即可使用该工具，而在工具箱中原来显示的按钮会自动切换为按钮，如图 1.3.2 所示。

图 1.3.2　选择工具箱中的工具

1.3.2　使用工具属性栏

在工具箱中选择了某个工具后，使用前可以对该工具的属性进行设置。例如选择了画笔工具后，其属性栏显示如图 1.3.3 所示，用户可以在其中设置画笔的样式。每一个工具属性栏中的选项都是不确定的，它会随用户所选工具的不同而变化。

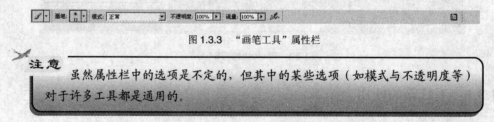

图 1.3.3　"画笔工具"属性栏

注意　虽然属性栏中的选项是不定的，但其中的某些选项（如模式与不透明度等）对于许多工具都是通用的。

1.3.3　面板的使用

面板是在 Photoshop 中经常使用的工具，一般用于修改显示图像的信息。Photoshop CS4 包括图层、通道、路径、字符、段落、信息、导航器、颜色、色板、样式、历史记录、动作、画笔等多种面板。

在系统默认的情况下，这些面板以图标的形式显示在一起，如图 1.3.4（a）所示。单击相应的图标可打开相应的面板，如图 1.3.4（b）所示。

在 Photoshop 中也可将某个面板显示或隐藏，要显示某个面板，选择 窗口(W) 菜单中的面板名称，即可显示该面板；要隐藏某个面板窗口，单击面板窗口右上角的 X 按钮即可。

单击面板右上角的三角形按钮 ≣ ，可显示面板菜单，如图 1.3.5 所示，从中选择相应的命令可编辑图像。

此外，按"Shift+Tab"键可同时显示或隐藏所有打开的面板，按"Tab"键可以同时显示或隐藏所有打开的面板以及工具箱和属性栏。使用这两种方法可以快速地增大屏幕显示空间。

（a）　　　　　　　（b）

图 1.3.4　面板

图 1.3.5　显示面板菜单

1.3.4　图像窗口

图像窗口是显示图像的区域，也是编辑或处理图像的区域。在图像窗口中可以实现 Photoshop 中的所有功能，也可以对图像窗口进行多种操作，如改变窗口的位置和大小等。

1.4　图像处理的基本概念

要真正掌握并使用一个图像处理软件，不仅要掌握软件的操作，还要掌握图像与图形方面的基本知识，如矢量图与位图的概念、像素、图像格式和分辨率等。

1.4.1　位图和矢量图

计算机所处理的图像从其描述原理上可以分为矢量图与位图两类。由于图片描述原理的不同，对这两种图像的处理方式也有所不同。

1. 位图图像

位图图像也称为点阵图像，它使用无数的彩色网格拼成一幅图像，每个网格称为一个像素，每个像素都具有特定的位置和颜色值。

图 1.4.1（a）所示为以正常比例显示的一幅位图；将图像放大 4 倍后，效果如图 1.4.1（b）所示，

此时可以看到图片很粗糙；如果再将图像放大几倍，效果如图 1.4.1（c）所示。用户可以看到，图像是由一个个各种颜色的小方块拼出来的，这些小方块就是像素。

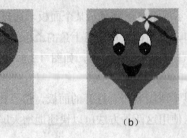

（a） （b） （c）

图 1.4.1 位图图像以不同比例显示的效果

由于一般位图图像的像素非常多而且小，因此，其色彩和色调变化非常丰富，看起来是细腻的图像。但如果将位图图像放大到一定的比例，无论图像的具体内容是什么，所看到的将都会像马赛克一样。

位图图像的缺点在于放大显示时图像比较粗糙，并且图像文件比较大，它的特点在于能够表现颜色的细微层次。

2. 矢量图形

矢量图也可以称为向量式图形，它是一些由数学公式定义的线条和曲线构成的。矢量图适于表现清晰的轮廓，常用于绘制一些标志图形或简单的卡通图片。其文件所占的空间较小，也可以很容易地将其随意放大或缩小，而且不会失真，但矢量图不能描绘色调丰富的图像细节，绘制出的图形不是很逼真，同时也不易在不同的软件间转换。

图 1.4.2（a）所示为以正常比例显示的矢量图，将其中的某部分放大后，效果如图 1.4.2（b）所示。可以看到，放大后的图片依然很精细，并没有因为显示比例的改变而失真。

（a） （b）

图 1.4.2 矢量图以不同比例显示的效果

1.4.2 像素

像素是一个带有数据信息的正方形小方块。位图图像由许多像素组成，每个像素都具有特定的位置和色彩值，因此可以很精确地记录下图像的色调，逼真地表现出自然的图像。像素是以行和列的方式排列的，如图 1.4.3 所示，将某区域放大后就会看到一个个的小方格，每个小方格就是一个像素，里面存放着不同的颜色。

一幅位图图像的每一个像素都含有一个明确的位置和色彩数值，从而也就决定了整体图像所显示出来的样子。一幅图像中包含的像素越多，所包含的信息也就越多，图像的品质也会越好，因此文件也就越大。

图 1.4.3　像素

1.4.3　图像格式

根据记录图像信息的方式（位图或矢量图）和压缩图像数据的方式的不同，图像文件可以分为多种格式，每种格式的文件都有相应的扩展名。Photoshop 可以处理多种格式的图像文件，不同格式的文件具有不同的特点。常见的图像文件格式有以下几种：

1．PSD 格式

Photoshop 软件默认的图像文件格式是 PSD 格式，它可以保存图像数据的每一个细小部分，如层、蒙版、通道等。尽管 Photoshop 在计算过程中应用了压缩技术，但是使用 PSD 格式存储的图像文件仍然很大。不过，因为 PSD 格式不会造成任何的数据损失，所以在编辑过程中最好还是将图像存储为该文件格式，以便于修改。

2．JPEG 格式

JPEG 格式是一种图像文件压缩率很高的有损压缩文件格式。它的文件比较小，但用这种格式存储时会以失真最小的方式丢掉一些数据，而存储后的图像效果也没有原图像的效果好，因此，用于印刷的图像文件很少用这种格式。

3．GIF 格式

GIF 格式是各种图形图像软件都能够处理的一种经过压缩的图像文件格式。正因为它是一种压缩的文件格式，所以 GIF 图像在网络上传输时比其他格式的图像文件快很多。但此格式最多只能支持 256 种色彩，因此不能存储真彩色的图像文件。

4．TIFF 格式

TIFF 格式是由 Aldus 为 Macintosh 开发的一种文件格式。目前，它是 Macintosh 和 PC 机上使用最广泛的位图文件格式。在 Photoshop 中，TIFF 格式能够支持 24 位通道，它是除 Photoshop 自身格式（即 PSD 与 PDD）外唯一能够存储多于 4 个通道的图像格式。

5．BMP 格式

BMP 格式是 Windows 中的标准图像文件格式，将图像进行压缩后不会丢失数据。但是，用此种压缩方式压缩文件，将需要很多的时间，而且一些兼容性不好的应用程序可能会打不开 BMP 格式的文件。此格式支持 RGB、索引颜色、灰度与位图颜色模式，而不支持 CMYK 模式。

6. PDF/PDP 格式

PDF 全称 Portable Document Format，是一种电子文件格式。这种文件格式与操作系统平台无关，也就是说，PDF 文件不管是在 Windows，Unix 还是在苹果公司的 Mac OS 操作系统中都是通用的。这一特点使它成为在 Internet 上进行电子文档发行和数字化信息传播的理想文档格式。越来越多的电子图书、产品说明、公司文告、网络资料、电子邮件开始使用 PDF 格式文件。PDF 格式文件目前已成为数字化信息事实上的一个工业标准。

7. IFF 格式

IFF 格式是一种文件交换格式文件，这种文件格式多用于 Amiga 平台，在这种平台上它几乎可以存储各种类型的数据，在其他平台上，IFF 文件格式多用于存储图像和声音文件。

8. PNG 格式

PNG 格式是 Netscape 公司开发出来的格式，可以用于网络图像，它能够保存 24 位的真彩色。另外，它还具有支持透明背景和消除锯齿边缘的功能，可以在不失真的情况下压缩保存图像。PNG 格式在 RGB 和灰度模式下支持 Alpha 通道，但在 Indexed Color 和位图模式下则不支持 Alpha 通道。

9. PSB 格式

大型文件格式（PSB）最多能支持高达 300 000 像素的文件，也能支持所有 Photoshop 的功能，如图层、效果与滤镜等。目前以 PSB 格式储存的文件，大多只能在 Photoshop CS 以上的版本中打开。

1.4.4　分辨率

分辨率是图像中一个非常重要的概念，一般分辨率有 3 种，分别为显示器分辨率、图像分辨率和专业印刷的分辨率。

1. 显示器分辨率

显示器屏幕由一个个极小的发光单元排列而成，每个单元可以独立地发出不同颜色、不同亮度的光，其作用类似于位图中的像素。一般在屏幕上所看到的各种文本和图像正是由这些像素组成的。由于显示器的尺寸不一，人们习惯于用显示器横向和纵向上的像素数量来表示其分辨率。例如 1 024×768，表示显示器在横向上分布 1 024 个像素，在纵向上分布 768 个像素。

2. 图像分辨率

图像分辨率是指位图图像在每英寸上所包含的像素数量。图像的分辨率与图像的精细度和图像文件的大小有关。图 1.4.4 所示为不同分辨率的两幅相同的图。其中图 1.4.4（a）的分辨率为 100 ppi（点/英寸），图 1.4.4（b）的分辨率为 10 ppi，可以非常清楚地看到两种不同分辨率图像的区别。

虽然提高图像的分辨率可以显著地提高图像的清晰度，但也会使图像文件的大小以几何级数增长，因为文件中要记录更多的像素信息。在实际应用中应合理地确定图像的分辨率，例如可以将需要打印的图像的分辨率设置高一些（因为打印机有较高的打印分辨率）；用于网络上传输的图像，可以设置较低的分辨率，以确保传输速度；用于屏幕上显示的图像，可以设置较低的分辨率（因为显示器本身的分辨率不高）。

需要注意的是，只有位图才可以设置分辨率，而矢量图与分辨率无关，因为它并不是由像素组成的。

（a）　　　　　　　　　　　　　　　　　　　　（b）

图 1.4.4　不同分辨率的图像

3．专业印刷的分辨率

专业印刷的分辨率是以每英寸线数来确定的，决定分辨率的主要因素是每英寸内网点的数量，即挂网线数。挂网线数的单位是 Line/Inch（线/英寸），简称 LPI。例如，150 LPI 是指每英寸有 150 条网线。给图像添加网线，挂网数目越大，网数越多，网点就越密集，层次表现力就越丰富。

小　　结

本章介绍了 Photoshop CS4 的新增功能、工作界面，以及图像处理的基本概念和文件的基本操作等。通过本章的学习，读者应了解一些图像处理的基本概念，为以后的学习奠定良好的基础。

过关练习一

一、填空题

1．按_____键或_____键，可以退出 Photoshop CS4 应用程序。

2．Photoshop 默认的图像存储格式是_____。

3．图像的_____与图像的精细度和图像文件的大小有关。

4．计算机所处理的图像从其描述原理上可以分为两类，即_____图与_____图。

5．_____图放大后依然很精细，并没有失真。

二、选择题

1．（　）模式常用于图像打印输出与印刷。

    A．CMYK
                      B．RGB

    C．HSB
                      D．Lab

2．按（　）键可同时显示或隐藏所有打开的面板；按（　）键可以同时显示或隐藏所有打开的面板以及工具箱和属性栏。

A．Shift　　　　　　　　　　B．Tab

C．Shift＋Tab　　　　　　　　D．Ctrl

三、简答题

1．简述 Photoshop CS4 软件的应用范围。

2．简述图像的分辨率与图像之间的关系。

3．简述矢量图形与位图图像的区别。

4．什么是分辨率？分辨率有哪几种类型？

第 2 章　Photoshop CS4 的基本操作

本章学习 Photoshop CS4 图像处理的基本操作，如文件的基本操作、辅助工具的使用、图像的缩放与显示模式、图像尺寸的调整以及图像颜色的设置。只有先掌握图像处理的基本操作，才能更快、更好地绘制和处理图像。

本章重点

（1）文件的基本操作
（2）辅助工具的使用
（3）图像的缩放与显示模式
（4）图像尺寸的调整
（5）图像颜色的设置

2.1　文件的基本操作

Photoshop CS4 支持多种图像文件格式，可以实现不同图像文件格式之间的相互转换。Photoshop 中文件的基本操作主要包括新建图像文件、打开图像文件、保存图像文件以及关闭图像文件等。

2.1.1　新建图像文件

新建图像文件就是创建一个新的空白的工作区域，具体的操作方法如下：

（1）选择菜单栏中的 文件(F) → 新建(N)… 命令，或按"Ctrl+N"快捷键，可弹出 新建 对话框，如图 2.1.1 所示。

（2）在 新建 对话框中可对以下各项参数进行设置。

1）名称(N)：用于输入新文件的名称。如果不输入，Photoshop CS4 默认的新建文件名为"未标题-1"，如连续新建多个，则文件按顺序默认为"未标题-2""未标题-3"，依此类推。

2）宽度(W) 与 高度(H)：用于设置图像的宽度与高度值，在输入框中输入具体数值即可。在设置宽度与高度前要确定文件尺寸的单位，即在输入框后面的下拉列表中选择需要的单位，有像素、英寸、厘米、毫米、点、派卡与列。

3）分辨率(R)：用于设置图像的分辨率，并可在其后面的下拉列表中选择分辨率的单位，有两种选择，分别是像素/英寸与像素/厘米，通常使用的单位为像素/英寸。

4）颜色模式(M)：用于设置图像的色彩模式，并可在其右侧的下拉列表中选择色彩的位数，有 1 位、8 位与 16 位。

5）背景内容(C)：该下拉列表框用于设置新图像的背景层颜色，其中有 3 种方式可供选择，即 白色、背景色 与 透明。如果选择 背景色 选项，则背景层的颜色与工具箱中背景色颜色框中的颜色相同。

6）预设(P)：在此下拉列表中可以选择预设的图像尺寸、分辨率等设置。

（3）设置好参数后，单击 确定 按钮，就可以新建一个空白图像文件，如图 2.1.2 所示。

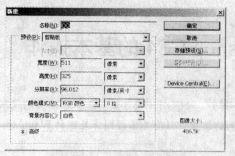

图 2.1.1 "新建"对话框

图 2.1.2 新图像文件

2.1.2 打开图像文件

当需要对已有的图像进行编辑与修改时，必须先打开它。在 Photoshop CS4 中打开图像文件的具体操作方法如下：

（1）选择菜单栏中的 文件(F)→打开(O)... 命令，或按"Ctrl+O"键，可弹出 打开 对话框，如图 2.1.3 所示。

图 2.1.3 "打开"对话框

（2）在 查找范围(I): 下拉列表中选择图像文件存放的位置，即所在的文件夹。

（3）在 文件类型(T): 下拉列表中选择要打开的图像文件格式，如果选择 所有格式 选项，则全部文件都会显示在对话框中。

（4）在文件夹列表中选择要打开的图像文件后，在 打开 对话框的底部可以预览图像缩览图和文件的字节数，然后单击 打开(O) 按钮，即可打开图像。

在 Photoshop CS4 中也可以一次打开多个同一目录下的文件，其选择的方法主要有两种。

（1）单击需要打开的第一个文件，然后按住"Shift"键单击最后一个文件，可以同时选中这两个文件之间多个连续的文件。

（2）按住"Ctrl"键，依次单击要选择的文件，可选择多个不连续的文件。

在 Photoshop CS4 中还有其他较特殊的打开文件的方法：

（1）选择 文件(F) 菜单中的 最近打开文件(T) 命令，可在弹出的子菜单中选择最近打开过的图像文件。Photoshop CS4 会自动将最近打开过的若干文件名保存在 最近打开文件(T) 子菜单中，默认最多包含 10个最近打开过的文件名。

（2）选择菜单栏中的 文件(F)→打开为... 命令，或按"Alt+Shift+Ctrl+O"键，可打开特定类型的文件。例如，要打开 PSD 格式的图像，则必须选择此格式的图像，如果选择其他格式，则打开 PSD

文件的同时会弹出如图 2.1.4 所示的错误提示框。

图 2.1.4　提示框

（3）选择菜单栏中的 文件(F)→在 Bridge 中浏览(B)... 命令，或按"Ctrl+Shift+O"键，打开文件浏览器窗口，直接在图像的缩略图上双击鼠标左键，即可打开图像文件，用鼠标直接将图像的缩略图拖曳到 Photoshop CS4 的工作界面中也可打开图像文件。

2.1.3　保存图像文件

图像文件操作完成后，都要将其保存起来，以免发生各种意外情况导致操作被迫中断。保存文件的方法有多种，包括存储、存储为以及存储为 Web 所用格式等，这几种存储文件的方式各不相同。

要保存新的图像文件，可选择菜单栏中的 文件(F)→存储(S) 命令，或按"Ctrl+S"键，将弹出 存储为 对话框，如图 2.1.5 所示。

图 2.1.5　"存储为"对话框

在 保存在(I)：下拉列表中可选择保存图像文件的路径，可以将文件保存在硬盘、U 盘或网络驱动器上。

在 文件名(N)：下拉列表框中可输入需要保存的文件名称。

在 格式(F)：下拉列表中可选择图像文件保存的格式。Photoshop CS4 默认的文件保存格式为 PSD 或 PDD，此格式可以保留图层，若以其他格式保存，则在保存时 Photoshop CS4 会自动合并图层。

设置好各项参数后，单击 保存(S) 按钮，即可按照所设置的路径及格式保存新的图像文件。

如果对已保存的图像文件又进行了编辑，选择菜单栏中的 文件(F)→存储(S) 命令，或按"Ctrl+S"键，将直接保留最终确认的结果，并覆盖原始图像文件。

图像保存后继续对图像文件进行各种修改与编辑后，若想保留原图像，重新存储一个新的文件，可选择菜单栏中的 文件(F)→存储为(A)... 命令，或按"Shift+Ctrl+S"键，弹出 存储为 对话框，在其中设置各项参数，然后单击 保存(S) 按钮，即可完成图像文件的"另存为"操作。

2.1.4　关闭图像文件

保存图像文件后，就可以将其关闭，完成操作。关闭图像文件的方法有以下几种：

（1）选择菜单栏中的 文件(F) → 关闭(C) 命令。

（2）在图像窗口右上角单击"关闭"按钮 ✕ 。

（3）双击图像窗口标题栏左侧的控制窗口图标 Ps 。

（4）按"Ctrl+W"键或按"Ctrl+F4"键。

如果打开了多个图像窗口，需要将它们全部关闭，可选择菜单栏中的 文件(F) → 关闭全部 命令或按"Alt+Ctrl+W"键。

2.1.5 置入图像文件

Photoshop 是一种位图图像处理软件，但它也具备处理矢量图的功能，因此，就可以将矢量图（如后缀名为 EPS，AI 或 PDF 的文件）插入到 Photoshop 中使用。

新建或打开一个需要向其中插入图形的图像文件，然后选择菜单栏中的 文件(F) → 置入(L)… 命令，弹出 置入 对话框，如图 2.1.6 所示，从中选择要插入的文件（如文件格式为 AI 的图形文件）。

图 2.1.6 "置入"对话框

单击 置入(P) 按钮，可将所选的图形文件置入到新建的图像中，如图 2.1.7 所示。

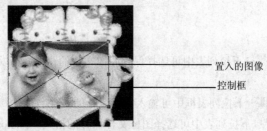

置入的图像

控制框

图 2.1.7 置入 AI 文件

此时的 AI 图形被一个控制框包围，可以通过拖拉控制框调整图像的位置、大小和方向。

设置完成后，按回车键确认插入 AI 图像，如图 2.1.8 所示，如果按"Esc"键则会放弃插入图像操作。

图 2.1.8 置入图像后的效果

2.2　辅助工具的使用

在进行图像编辑时，常常要精确测量或定位鼠标指针的位置，这就要使用辅助工具来完成。Photoshop CS4 中的辅助工具包括标尺、参考线与网格。

2.2.1　标尺

标尺可以准确地显示出当前光标所在的位置和图像的尺寸,还可以让用户更准确地对齐对象和选取范围。

标尺的隐藏或显示可以通过选择菜单栏中的 视图(V) → 标尺(R) 命令进行切换。当标尺显示时,位于图像窗口的左边与上边,如图 2.2.1 所示。在图像中移动鼠标指针,可以在标尺上显示出鼠标指针所在位置的坐标值。

程序默认的标尺单位是厘米,也可以重新设置标尺的单位,其操作方法是选择菜单栏中的 编辑(E) → 首选项(N) → 单位与标尺(U)... 命令,弹出 首选项 对话框,如图 2.2.2 所示,在 单位 选项区中单击 标尺(R): 右侧的下拉列表框,可从弹出的下拉列表中选择标尺的单位。

图 2.2.1　显示标尺

图 2.2.2　"首选项"对话框

2.2.2　参考线与网格

参考线用于对齐物体,可任意设置其位置。要创建参考线,可选择菜单栏中的 视图(V) → 新建参考线(E)... 命令,弹出 新建参考线 对话框,如图 2.2.3 所示。

在 取向 选项区中可设置水平或垂直参考线,在 位置(P): 输入框中输入数值,可设置参考线的位置,如图 2.2.4 所示。

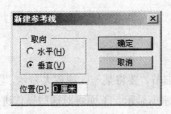

图 2.2.3　"新建参考线"对话框

图 2.2.4　创建参考线

选择菜单栏中的 视图(V) → 显示(H) → 参考线(U) 命令，可以显示或隐藏参考线；选择菜单栏中的
视图(V) → 显示(H) → 网格(G) 命令，可显示或隐藏网格。

如果要锁定参考线，选择菜单栏中的 视图(V) → 锁定参考线(G) 命令，即可锁定参考线。

如果要清除参考线，选择菜单栏中的 视图(V) → 清除参考线(D) 命令，即可清除图像中所有的参考线。
如果要删除某一条参考线，可将鼠标指针移至要删除的参考线上，按住鼠标左键将其拖至窗口外即可。
也可重新设置参考线与网格的颜色与样式，操作方法如下。

（1）选择菜单栏中的 编辑(E) → 首选项(N) → 参考线、网格和切片(S)... 命令，弹出 首选项 对话框，
如图 2.2.5 所示。

图 2.2.5 "首选项"对话框

（2）在 参考线 选项区中单击 颜色(O): 下拉列表框，可从弹出的下拉列表中选择参考线颜色，在
样式(T): 下拉列表中可以设置参考线的线型，包括直线与虚线。

（3）在 网格 选项区中单击 颜色(C): 下拉列表框，可从弹出的下拉列表中选择网格线的颜色，在
网格线间隔(D): 输入框中可设置网格的尺寸，在 子网格(V): 输入框中可设置网格的个数，如图 2.2.6 所示。

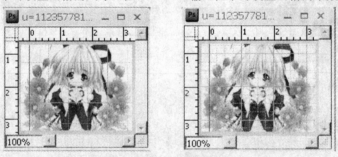

图 2.2.6 网格的设置

2.3 图像的缩放与显示模式

在 Photoshop CS4 中处理图像时，为了更清晰地观看图像，要对图像进行缩放、移动或改变图像
窗口显示模式等操作。

2.3.1 缩放与移动图像

在处理图像的过程中，有时为了处理图像的某一个细节，要将某一区域放大显示，以使处理操作
更加方便；而有时为查看图像的整体效果，则要将图像缩小显示。下面将对这些操作进行详细介绍。

1．使用菜单命令

在 视图(V) 菜单中有 5 个用于控制图像显示比例的命令，如图 2.3.1 所示。

放大(I)：使用此命令可将图像放大。

缩小(O)：使用此命令可将图像缩小。

按屏幕大小缩放(F)：使用此命令可将图像显示于整个画布上。

实际像素(A)：使用此命令可按 100% 比例显示。

打印尺寸(Z)：使用此命令，可按打印尺寸显示。

放大(I)	Ctrl++
缩小(O)	Ctrl+-
按屏幕大小缩放(F)	Ctrl+0
实际像素(A)	Ctrl+1
打印尺寸(Z)	

图 2.3.1　快捷菜单

2．使用缩放工具

单击工具箱中的"缩放工具"按钮 🔍，在图像窗口中拖动鼠标框选需要放大的区域，就可以将该区域放大至整个窗口。如果在按住"Alt"键的同时使用缩放工具在图像中单击，可将图像缩小，也可通过"缩放工具"属性栏中的选项缩放图像，如图 2.3.2 所示。

图 2.3.2　"缩放工具"属性栏

3．使用导航器面板

使用 导航器 面板可以方便地控制图像的缩放显示。在此面板左下角的输入框中可输入放大与缩小的比例，然后按回车键。也可以用鼠标拖动面板下方调节杆上的三角滑块，向左拖动则使图像显示缩小，向右拖动则使图像显示放大。导航器 面板显示如图 2.3.3 所示。

导航器 面板窗口中的红色方框表示图像显示的区域，拖动方框，可以发现窗口中的图像也会随之改变，如图 2.3.4 所示。

图 2.3.3　导航器面板

图 2.3.4　拖动方框显示某区域中的图像

2.3.2　图像的显示模式

Photoshop CS4 提供了 3 种不同的屏幕显示模式，即标准屏幕模式、带有菜单栏的全屏模式和全屏模式。为了操作的需要，可以在这 3 种模式之间进行切换。

单击工具箱中的"标准屏幕模式"按钮 ▣，可切换至标准屏幕模式的窗口显示，如图 2.3.5 所示。在该模式下，窗口可显示 Photoshop 的所有组件，如菜单栏、工具箱、标题栏与属性栏等。

图 2.3.5　标准屏幕模式

单击工具箱中的"带有菜单栏的全屏模式"按钮 ▣，可切换至带有菜单栏的全屏显示模式，如图 2.3.6 所示。在此模式下，将不显示标题栏；只显示菜单栏，以使图像充满整个屏幕。

图 2.3.6　带有菜单栏的全屏模式

单击工具箱中的"全屏模式"按钮 ▣，可切换至全屏模式，如图 2.3.7 所示。在此模式下，图像之外的区域以黑色显示，并会隐藏菜单栏与标题栏。在此模式下可以非常全面地查看图像效果。

图 2.3.7　全屏模式

2.4　图像尺寸的调整

一般情况下，当要对扫描的图像或当前图像的大小进行调整时，可以对相关的参数进行设置。

2.4.1　调整图像大小

利用 图像大小(I)... 命令可以调整图像的大小、打印尺寸以及图像的分辨率。具体操作方法如下：

（1）打开一幅要改变大小的图像。

（2）选择菜单栏中的 图像(I) → 图像大小(I)... 命令，弹出 图像大小 对话框，如图 2.4.1 所示。

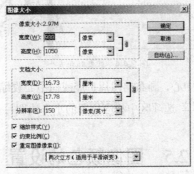

图 2.4.1　"图像大小"对话框

（3）在 像素大小: 选项区中的 宽度(W): 与 高度(H): 输入框中可设置图像的宽度与高度。改变像素大小后，会直接影响图像的品质、屏幕图像的大小以及打印效果。

（4）在 文档大小: 选项区中可设置图像的打印尺寸与分辨率。默认状态下， 宽度(D): 与 高度(G): 被锁定，即改变 宽度(D): 与 高度(G): 中的任何一项，另一项都会按相应的比例改变。

（5）设置好参数后，单击 确定 按钮，即可改变图像的大小。

2.4.2　调整画布大小

调整画布大小的具体操作方法如下：

（1）打开一幅要改变画布大小的图像文件，如图 2.4.2 所示。

（2）选择菜单栏中的 图像(I) → 画布大小(S)... 命令，弹出 画布大小 对话框，如图 2.4.3 所示。

图 2.4.2　打开的图像

图 2.4.3　"画布大小"对话框

（3）在 新建大小:选项区中的 宽度(W):与 高度(H):输入框中输入数值，可重新设置图像的画布大小；在 定位:选项中可选择画布的扩展或收缩方向，单击其中的任何一个方向箭头，该箭头的位置可变为白色，图像就会以该位置为中心进行设置。

（4）单击 确定 按钮，可以按所设置的参数改变画布大小，如图 2.4.4 所示。

图 2.4.4　改变画布大小

默认状态下，图像位于画布中心，画布向四周扩展或向中心收缩，画布颜色为背景色。如果希望图像位于其他位置，只须单击 定位:选项区中相应位置的小方块即可。

2.5　图像颜色的设置

Photoshop 中的大部分操作都和颜色有关，在学习本章其他内容之前首先应学习 Photoshop 中颜色的设置方法。下面将对其进行具体介绍。

2.5.1　前景色与背景色

在工具箱中，前景色按钮显示在上面，背景色按钮显示在下面，如图 2.5.1 所示。在默认的情况下，前景色为黑色，背景色为白色。如果在使用过程中要切换前景色和背景色，则可在工具箱中单击"切换颜色"按钮，或按键盘上的"X"键。若要返回默认的前景色和背景色设置，则可在工具箱中单击"默认颜色"按钮，或按键盘上的"D"键。

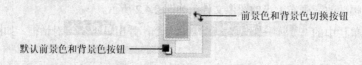

前景色和背景色切换按钮

默认前景色和背景色按钮

图 2.5.1　前景色和背景色按钮

若要更改前景色或背景色，可单击工具箱中的"设置前景色"或"设置背景色"按钮，弹出"拾色器"对话框，如图 2.5.2 所示。

"拾色器"对话框左侧区域是色域图，在色域图上单击，则单击处的颜色即为用户选取的颜色。中间的彩色长条为色调调节杆，拖动色调调节杆上的滑块可以选择不同的颜色范围。在对话框的右下角显示了 4 种颜色模式（HSB，Lab，RGB 和 CMYK），在其对应的文本框中输入相应的数值可精确设置所需的颜色。设置完成后，单击 确定 按钮，即可用所选的颜色来填充前景色或背景色。

技巧：在色域图中，左上角为纯白色（R，G，B 值分别为 255，255，255），右下角为纯黑色（R，G，B 值分别为 0, 0, 0）。

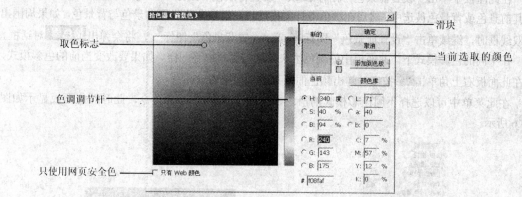

图 2.5.2　"拾色器"对话框

另外，单击对话框中的　颜色库　按钮，可弹出"颜色库"对话框，如图 2.5.3 所示。

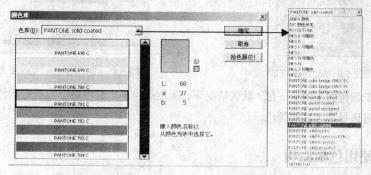

图 2.5.3　"颜色库"对话框

在"颜色库"对话框中，单击 色库(B) 右侧的 ▼ 按钮，可弹出"色库"下拉列表，在其中共有 27 种颜色库，这些颜色库是全球范围内不同公司或组织制定的色样标准。由于不同印刷公司的颜色体系不同，可以在"色库"下拉列表中选择一个颜色系统，然后输入油墨数或沿色调调节杆拖动三角滑块，找出想要的颜色。每选择一种颜色序号，该序号相对应的 CMYK 各分量的百分数也会相应地发生变化。如果单击色调调节杆上端或下端的三角块，则每单击一次，三角滑块会向前或向后移动并选择一种颜色。

2.5.2　使用颜色面板

利用颜色面板选择颜色，与在 拾色器 对话框中选择颜色是一样的，都可方便、快速地设置前景色或背景色，并且可以选择不同的颜色模式进行选色。选择菜单栏中的 窗口(W) ➝ 颜色 命令，可打开颜色面板。在默认情况下，颜色面板显示着 HSB 颜色模式的滑块，如图 2.5.4 所示。

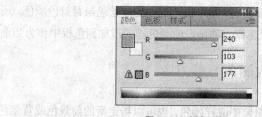

图 2.5.4　颜色面板

在此面板中单击"设置前景色"图标■或"设置背景色"图标□，当其周围出现双线框时，表示其前景或背景色被选中，然后在颜色滑杆上拖动三角滑块来设置前景色与背景色。如果周围出现双线框时，继续单击"设置前景色"图标■或"设置背景色"图标□，将会弹出 **拾色器** 对话框。

在不同的色彩模式下，此面板中的颜色滑块数量与类型也不一样。如果要改变当前的色彩模式，可在此面板右上角单击 ▤ 按钮，弹出颜色面板菜单，如图 2.5.5 所示。

在此菜单中可以选择不同色彩模式的滑块，例如选择 **RGB 滑块** 命令，此时颜色面板显示如图 2.5.6 所示。

图 2.5.5　颜色面板菜单

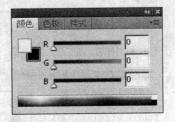

图 2.5.6　颜色面板中的 RGB 模式

颜色条位于颜色面板的最下部，默认情况下，颜色条上显示着色谱中的所有颜色。在颜色条上单击某区域，即可选择某区域的颜色。

2.5.3　使用色板面板

在 Photoshop CS4 中还提供了可以快速设置颜色的色板面板，选择 **窗口(W)** → **色板** 命令，即可打开色板面板，如图 2.5.7 所示。

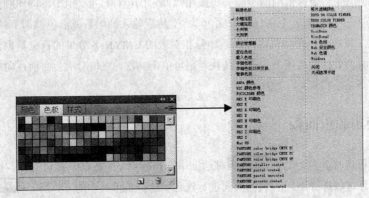

图 2.5.7　色板面板

在该面板中选择某一个预设的颜色块，即可快速地改变前景色与背景色颜色。还可在色板面板中单击 ▤ 按钮，在弹出的下拉列表中选择一种预设的颜色样式添加到色板中作为当前色板。

2.5.4　使用吸管工具选取颜色

使用吸管工具不仅能从打开的图像中取样颜色，也可以指定新的前景色或背景色。单击工具箱中的"吸管工具"按钮 ，然后在需要的颜色上单击即可将该颜色设置为新前景色。如果在单击颜色的同时按住"Alt"键，则可以将选中的颜色设置为新背景色。"吸管工具"属性栏如图 2.5.8 所示。

图 2.5.8　"吸管工具"属性栏

在 取样大小: 下拉列表中可以选择吸取颜色时的取样大小。选择 取样点 选项时，可以读取所选区域的像素值；选择 3×3 平均 或 5×5 平均 选项时，可以读取所选区域内指定像素的平均值。

吸管工具的下方是颜色取样工具 ，利用该工具可以吸取图像中任意一点的颜色，并将其以数字的形式在信息面板中表示出来。图 2.5.9（a）所示的为未取样时的信息面板，图 2.5.9（b）所示的为取样后的信息面板。

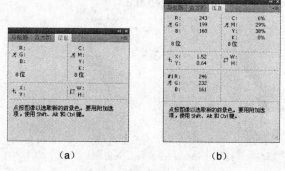

（a）　　　　　　　　　　（b）

图 2.5.9　取样前后的信息面板

2.5.5　使用渐变工具选取颜色

利用渐变填充工具可以给图像或选区填充渐变颜色，单击工具箱中的"渐变工具"按钮 ，其属性栏如图 2.5.10 所示。

图 2.5.10　"渐变工具"属性栏

单击 右侧的 按钮，可在打开的渐变样式面板中选择需要的渐变样式。

单击 按钮，可以弹出"渐变编辑器"对话框，如图 2.5.11 所示，用户在其中可以自己编辑、修改或创建新的渐变样式。

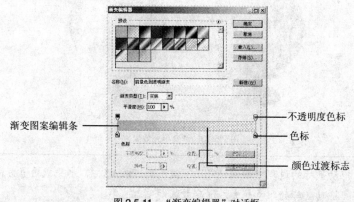

图 2.5.11　"渐变编辑器"对话框

在 按钮组中，可以选择渐变的方式，从左至右分别为线性渐变、径向渐变、角度渐变、对称渐变及菱形渐变，其效果如图 2.5.12 所示。

原图

线性渐变

径向渐变

角度渐变

对称渐变

菱形渐变

图 2.5.12　5 种渐变效果

选中☑反向复选框，可产生与原来渐变相反的渐变效果。

选中☑仿色复选框，可以在渐变过程中产生色彩抖动效果，把两种颜色之间的像素混合，使色彩过渡得平滑一些。

选中☑透明区域复选框，可以设置渐变效果的透明度。

在"渐变工具"属性栏中设置好各选项后，在图像或图像选区中要填充渐变的地方单击鼠标并向一定的方向拖动，可画出一条两端带 + 图标的直线，此时释放鼠标，即可显示渐变效果，如图 2.5.13 所示。

图 2.5.13　渐变填充效果

技巧　若在拖动鼠标的过程中按住"Shift"键，则可按 45°、水平或垂直方向进行渐变填充。拖动鼠标的距离越大，渐变效果越明显。

2.6　典型实例——打散图像效果

本例使用本章所学的内容制作打散的效果，最终效果如图 2.6.1 所示。

图 2.6.1　最终效果图

创作步骤

（1）选择菜单栏中的 文件(F) → 新建(N)... 命令，弹出 新建 对话框，设置对话框参数如图 2.6.2 所示。设置完成后，单击 确定 按钮，即可新建一个图像文件。

图 2.6.2　"新建"对话框

（2）按"Ctrl+R"键显示标尺，再按"Ctrl+H"键显示网格。使用渐变工具在图像中从左上向右下拖动鼠标，填充从橙色到黄色再到橙色的渐变，效果如图 2.6.3 所示。

（3）选择菜单栏中的 文件(F) → 置入(L)... 命令，可弹出 置入 对话框，从中选择要置入的图片，单击 置入(P) 按钮，即可将所选的图片置入到图像中，如图 2.6.4 所示。

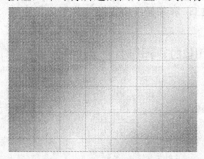

图 2.6.3　填充渐变后的效果

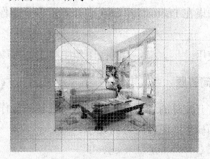

图 2.6.4　置入图片

（4）在置入的图片上双击鼠标左键，确认置入操作，单击工具箱中的"矩形选框工具"按钮，沿网格线在置入的图片上绘制选区，再使用移动工具移动选区内的图像，如图 2.6.5 所示。

（5）继续使用矩形选框工具沿网格线创建选区，再使用移动工具移动选区内的图像，按照此方法制作整个图像的位移效果，如图 2.6.6 所示。

图 2.6.5　移动选区内的图像

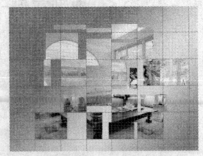
图 2.6.6　制作图像的位移效果

（6）分别按"Ctrl+R"键和"Ctrl+H"键隐藏标尺与网格，再为位移后的图像添加投影样式，最终效果如图 2.6.1 所示。

小　　结

本章介绍了 Photoshop CS4 图像处理的基本操作，包括文件的基本操作、辅助工具的使用、图像的缩放与显示模式、图像尺寸的调整以及图像颜色的设置等。通过本章的学习，读者应该熟练掌握 Photoshop CS4 中图像处理的基本操作。

过关练习二

一、填空题

1. Photoshop 默认的保存格式为_____或_____，此格式也可以保存_____。

2. 在 Photoshop 中要保存文件，其快捷键是_____。

3. Photoshop CS4 提供了_____种不同的屏幕显示模式，分别为_____、_____和_____。

4. 如果要关闭 Photoshop CS4 中打开的多个文件，可按_____键。

5. 如果在 Photoshop CS4 中打开了多个图像窗口，屏幕显示会很乱，为了方便查看，可对多个窗口进行_____。

6. 使用_____工具在图像中单击即可改变图像的显示比例。

二、简答题

1. 打开文件的方法有几种？简述具体的操作步骤。

2. 如何更改图像画布的大小？

第 3 章　创建与修饰选区

在 Photoshop CS4 中进行图像处理时，离不开选区。通过选区对图像进行操作不影响选区外的图像。多种选取工具结合使用为精确创建选区提供了极大的方便。本章将具体介绍创建与编辑选区的各种技巧。

本章重点

（1）选区的创建
（2）选区的调整

3.1　创建规则选区

用于创建规则选区的选取工具包括矩形选框工具 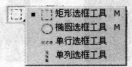、椭圆选框工具 、单行选框工具 和单列选框工具 4 种，如图 3.1.1 所示。

图 3.1.1　规则选区工具组

3.1.1　矩形选框工具

利用矩形选框工具可以在图像中创建规则的矩形选区。单击工具箱中的"矩形选框工具"按钮 ，其属性栏如图 3.1.2 所示。

图 3.1.2　"矩形选框工具"属性栏

单击 按钮，可以在图像中创建一个新的选区，如果在创建之前还有其他选区，则绘制后的选区将会取代之前的选区。

单击 按钮，在创建选区时，可以在图像中原有选区的基础上增加选区，从而得到一个新的选区，或增加一个新的选区，其效果如图 3.1.3 所示。

图 3.1.3　添加到选区

单击 按钮，在创建选区时，可以在图像中原有选区的基础上减去绘制的选区，得到一个新的选区，效果如图 3.1.4 所示。

单击 按钮，在创建选区时，可得到原有图像选区和后来绘制选区相交部分的一个新选区，效果如图 3.1.5 所示。

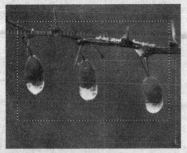

图 3.1.4　从选区中减去

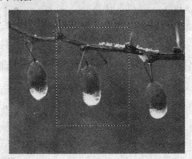

图 3.1.5　与选区交叉

在 羽化: 文本框中输入数值，可对创建的选区边缘进行柔化处理，其取值范围为 0～255。

选中 消除锯齿 复选框，可以消除弧形或斜边边缘的锯齿，使选取的图像边缘更加平滑，如图 3.1.6 所示。

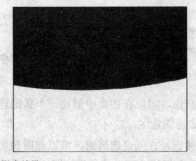

图 3.1.6　消除锯齿效果

在 样式: 下拉列表中提供了创建选区的 3 种样式。选择 正常 选项，可以不受任何约束，自由创建选区。选择 固定长宽比 选项，可以在 宽度: 与 高度: 输入框中输入数值，来设置矩形选区宽度与高度的比例。例如，要绘制一个高是宽两倍的选区，可在 高度: 输入框中输入 2，在 宽度: 输入框中输入 1。选择 固定大小 选项，可在其后面的 宽度: 与 高度: 输入框中输入新选区的宽度与高度，创建新的选区。

3.1.2　椭圆选框工具

使用椭圆选框工具可以在图像中创建椭圆形与圆形选区。其操作很简单，只要单击工具箱中的"椭圆选框工具"按钮 ，在图像中按住鼠标左键并拖动即可，按住"Shift"键的同时在图像中拖动鼠标可以创建圆形选区，如图 3.1.7 所示。

图 3.1.7　用椭圆选框工具创建的选区

椭圆选框工具与矩形选框工具属性栏的用法相同，只是椭圆选框工具多了一个 ☑消除锯齿 复选框，选中此复选框，所选择的区域就具有了消除锯齿功能，在图像中选取的图像边缘会更平滑。这是因为 Photoshop 中的图像是由像素组成的，而像素实际上是正方形的色块，所以，图像中的斜线或圆弧部分就容易产生锯齿状态的边缘。分辨率越低，锯齿就越明显。选中 ☑消除锯齿 复选框后，Photoshop 会在锯齿之间填入介于边缘与背景的中间色调的色彩，使锯齿的硬边变得较为平滑。

3.1.3　单行/单列选框工具

1．单行选框工具

单击工具箱中的"单行选框工具"按钮 ，在图像中单击鼠标左键，可创建 1 像素高的单行选区，如图 3.1.8 所示。在其属性栏中，"样式"与"消除锯齿"选项不可用，其他用法与矩形选框工具相同。

2．单列选框工具

单击工具箱中的"单列选框工具"按钮 ，在图像中单击鼠标左键，可创建 1 像素宽的单列选区，如图 3.1.9 所示，其属性栏与单行选框工具的完全相同。

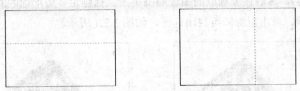

图 3.1.8　创建单行选区　　　　　图 3.1.9　创建单列选区

3.2　创建不规则选区

创建不规则选区的选取工具包括套索工具 、多边形套索工具 和磁性套索工具 3 种，如图 3.2.1 所示。

图 3.2.1　不规则选区工具组

3.2.1 套索工具

利用套索工具可以在图像中创建任意形状的选区。具体操作方法如下：

单击工具箱中的"套索工具"按钮 （其属性栏与规则选框工具属性栏相似，其参数设置可参考规则选框工具），在要选取的图像周围拖动鼠标直到与起始点重合，然后松开鼠标左键即可创建选区，如图 3.2.2 所示。

图 3.2.2 使用套索工具创建的选区

提示 在创建选区时，如果要绘制直线，按住 "Alt" 键的同时单击直线的起始点和结束点即可。另外，在拖动鼠标创建选区时，如果在终点与起点重合之前松开鼠标，则系统会以直线自动连接起点和终点完成封闭选区的创建。

3.2.2 多边形套索工具

利用多边形套索工具可以创建多边形选区。具体的操作方法如下：

单击工具箱中的"多边形套索工具"按钮 （其属性栏与规则选框工具属性栏相似，其参数设置可参考规则选框工具），然后在要选取的图像周围单击鼠标确定多边形选区的各个顶点，当回到起始点时指针变成 形状，单击鼠标即可封闭选区，如图 3.2.3 所示。

图 3.2.3 使用多边形套索工具创建的选区

技巧 使用多边形套索工具创建选区时，按住 "Shift" 键，可按水平、垂直或 45° 方向定义线段；若按住 "Alt" 键，则可切换为套索工具（即定义曲线）；按 "Delete" 键可取消最近创建的线段；按 "Esc" 键可取消定义的所有线段。

3.2.3 磁性套索工具

利用磁性套索工具可以选取与周围图像颜色反差较大的图像区域。具体的操作方法如下：

（1）单击工具箱中的"磁性套索工具"按钮，其属性栏如图 3.2.4 所示。

图 3.2.4 "磁性套索工具"属性栏

在**宽度:**文本框中输入数值，可以设置磁性套索工具在选取时的探察宽度，其取值范围为 1～256，数值越大，探察的范围越大。

在**对比度:**文本框中输入数值，可以设置磁性套索工具的敏感度，其取值范围为 1%～100%。

在**频率:**文本框中输入数值，可以设置选取时的节点数，可输入 1～100 之间的数值，数值越大描绘的节点越多，选区也就越精确，如图 3.2.5 所示。

频率为 50   频率为 100

图 3.2.5 不同频率时的选取效果

（2）在属性栏中设置好各项参数后，在图像中单击鼠标确定起始点，然后释放鼠标，并沿着要选取的图像边界移动鼠标指针，系统会自动在设定的像素宽度内分析并精确选择图像。创建完成后，在起始点处单击鼠标左键即可闭合选区，效果如图 3.2.6 所示。

图 3.2.6 使用磁性套索工具创建的选区

提示 在使用磁性套索工具创建选区的过程中，单击鼠标可以强制确认节点；按"Delete"键可以取消节点；按住"Alt"键可切换为套索工具。

3.3　其他创建选区的方法

除了前面介绍的创建选区的方法外，在 Photoshop CS4 中还可以使用魔棒工具、色彩范围命令以及全选命令来创建选区。

3.3.1　魔棒工具

利用魔棒工具可以根据一定的颜色范围来创建选区。单击工具箱中的"魔棒工具"按钮，其属性栏如图 3.3.1 所示。

图 3.3.1　"魔棒工具"属性栏

在 容差 输入框中输入数值，可设置选取颜色时的容差。默认容差值为 32，其取值范围为 0～255 之间的数值，输入的值越大，则选取的颜色范围越相近，选取的范围也就越小。

选中 消除锯齿 复选框，可设置所选区域是否具备消除锯齿的功能。

选中 连续 复选框，表示只能选中单击处邻近区域中的相同像素；如果不选中此复选框，则能够选中符合该像素要求的所有区域，如图 3.3.2 所示。在默认情况下，该复选框是被选中的。

选中 对所有图层取样 复选框：用于具有多个图层的图像。如果未选中此复选框，则魔棒工具只对当前选中的图层起作用；如果选中此复选框，即可选取所有层中相近的颜色区域。

图 3.3.2　选中与未选中"连续"复选框时创建的选区

3.3.2　色彩范围命令

利用色彩范围命令可以从整幅图像中选取与某颜色相似的像素，而不只是选择与单击处颜色相近的区域。

下面通过一个例子介绍色彩范围命令的使用方法。具体的操作方法如下：

（1）按"Ctrl+O"键，打开一幅图像，选择 选择(S) → 色彩范围(C)... 命令，弹出"色彩范围"对话框，如图 3.3.3 所示。

在 选择(C) 下拉列表中选择用来定义选取颜色范围的方式，如图 3.3.4 所示。其中红色、黄色、绿色等选项用于在图像中指定选取某一颜色范围；高光、中间调和暗调这些选项用于选取图像中不同亮度的区域；溢色选项可以用来选择在印刷中无法表现的颜色。

在 颜色容差(F) 文本框中输入数值，可以调整颜色的选取范围。数值越大，包含的相似颜色越多，选取范围也就越大。

图 3.3.3　"色彩范围"对话框　　　　图 3.3.4　"选择"下拉列表

单击 ✎ 按钮，可以吸取所要选择的颜色；单击 ✎ 按钮，可以增加颜色的选取范围；单击 ✎ 按钮，可以减少颜色的选取范围。

在 选区预览(T): 下拉列表中可以选择一种选区在图像窗口中显示的方式。

选中 ☑ 反相(I) 复选框可将选区与非选区互相调换。

（2）当用户在"色彩范围"对话框中设置好参数后，单击 确定 按钮，所有与用户设置相匹配的颜色区域都会被选取，效果如图 3.3.5 所示。

图 3.3.5　应用"色彩范围"对话框建立的选区

（3）如果要修改选区，可使用 ✎ 或 ✎ 单击图像增加或减小选区。

3.3.3　全选命令

利用全选命令可以一次性将整幅图像全部选取。具体的操作方法如下：

打开一幅图像，选择 选择(S) ▶ 全部(A) 命令，或按"Ctrl+A"键即可将图像全部选取，如图 3.3.6 所示。

图 3.3.6　应用"全选"命令创建的选区

3.4 修 改 选 区

修改选区的命令包括边界、平滑、扩展和收缩 4 个，它们都集中在 选择(S) → 修改(M) 命令子菜单中，用户利用这些命令可以对已有的选区进行更加精确的调整，以得到满意的选区。

3.4.1 边界命令

应用边界命令后，将以一个包围选区的边框来代替原选区，该命令用于修改选区的边缘。下面通过一个例子介绍边界命令的使用方法。具体的操作方法如下：

（1）打开一幅图像，并为其创建选区，效果如图 3.4.1 所示。

（2）选择 选择(S) → 修改(M) → 边界(B)... 命令，弹出"边界选区"对话框，在 宽度(W): 文本框中输入数值，设置选区边框的大小为 50，如图 3.4.2 所示。

（3）设置完成后，单击 确定 按钮，效果如图 3.4.3 所示。

图 3.4.1 打开图像并创建选区

图 3.4.2 "边界选区"对话框

图 3.4.3 边界选区效果

3.4.2 平滑命令

平滑命令通过在选区边缘增加或减少像素来改变边缘的粗糙程度，以达到一种平滑的选区效果。在如图 3.4.1 所示的选区的基础上选择 选择(S) → 修改(M) → 平滑(S)... 命令，弹出"平滑选区"对话框，如图 3.4.4 所示。在 取样半径(S): 文本框中输入数值，设置其平滑度为 60，效果如图 3.4.5 所示。

图 3.4.4 "平滑选区"对话框

图 3.4.5 选区的平滑效果

> 提示 使用基于颜色的选取工具与命令创建的选区，其边缘会有一些锯齿，而且还会有一些很零散的像素被选取，手动去除这些像素非常麻烦。因此，可使用 Photoshop CS4 中的"平滑"命令来完成此操作。

3.4.3　扩展命令

扩展命令是将当前选区按设定的数目向外扩充，扩充单位为像素。在如图 3.4.1 所示的选区的基础上选择 选择(S) → 修改(M) → 扩展(E)... 命令，弹出"扩展选区"对话框，如图 3.4.6 所示，在 扩展量(E): 文本框中输入数值，设置其扩展量为 50，效果如图 3.4.7 所示。

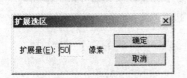

图 3.4.6　"扩展选区"对话框

图 3.4.7　扩展选区的效果

另外，选择 选择(S) 菜单中的 扩大选取(G) 或 选取相似(R) 命令也可以扩展选区。选择 扩大选取(G) 命令时，可以按颜色的相似程度（由魔棒工具属性栏中的容差值来决定相似程度）来扩展当前的选区；选择 选取相似(R) 命令时，也是按颜色的相似程度来扩大选区，但是，这些扩展后的选区并不一定与原选区相邻。

3.4.4　收缩命令

收缩命令与扩展命令相反，使用收缩命令可以将当前选区按设定的像素值向内收缩。在如图 3.4.1 所示的选区的基础上选择 选择(S) → 修改(M) → 收缩(C)... 命令，弹出"收缩选区"对话框，如图 3.4.8 所示，在 收缩量(C): 文本框中输入数值，设置其收缩量为 30，效果如图 3.4.9 所示。

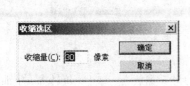

图 3.4.8　"收缩选区"对话框

图 3.4.9　收缩选区的效果

3.5　编 辑 选 区

创建好选区后，经常需要对创建的选区再次进行编辑修改，以符合选取要求。Photoshop CS4 提供了多条命令，可对选区进行反向、移动、羽化、变换、填充、描边等操作。下面分别进行介绍。

3.5.1　反选选区

使用反向命令可以将当前图像中的选区和非选区进行相互转换，具体的操作方法如下：

打开一幅图像并创建选区，然后选择 选择(S) → 反向(I) 命令，或按"Shift+Ctrl+I"键，系统会将已有选区反选，如图 3.5.1 所示。

图 3.5.1　反向选择效果

3.5.2　移动选区

要移动选区，只须将鼠标指针移动到选区内，当指针变为 形状时，拖动鼠标即可，如图 3.5.2 所示。

图 3.5.2　移动选区效果

另外还可以使用键盘上的方向键，以每次 1 像素的距离移动所选区域。

> **技巧**　按住 "Shift" 键再使用方向键（上、下、左、右键），则每次以 10 像素为单位移动选区。

3.5.3　变换选区

使用变换选区命令可对已有选区作任意形状的变换，如放大、缩小、旋转等。下面通过一个例子介绍变换选区命令的使用方法。具体的操作步骤如下：

（1）按 "Ctrl+O" 键，打开一幅图像并创建选区，如图 3.5.3 所示。

（2）选择 选择(S) → 变换选区(T) 命令，选区的边框上将会出现 8 个节点，将鼠标指针移至选区内拖动，可以将选区移到指定的位置，如图 3.5.4 所示。

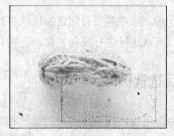

图 3.5.3　打开图像并创建选区　　　　　图 3.5.4　移动选区

（3）将鼠标指针移至一个节点上，当指针变成 ↙ 形状时，拖动鼠标可以调整选区大小，如图 3.5.5 所示。

（4）将鼠标指针移至选区以外的任意一角，当指针变成 ↻ 形状时，拖动鼠标可以旋转选区，效果如图 3.5.6 所示。

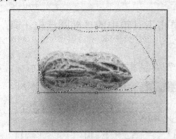

图 3.5.5　调整选区大小　　　　　　　　　图 3.5.6　旋转选区

（5）用鼠标右键单击变换框，可弹出如图 3.5.7 所示的快捷菜单，在其中可以选择不同的命令对选区进行相应的变换。图 3.5.8 所示的为使用斜切命令调整后的选区效果。

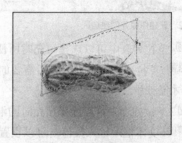

图 3.5.7　快捷菜单　　　　　　　　图 3.5.8　选区的斜切效果

（6）对选区变换完成后，按"Enter"键可确认变换操作，按"Esc"键可以取消变换操作。

3.5.4　羽化选区

利用羽化命令可以使图像选区的边缘产生模糊效果。下面通过一个例子介绍羽化命令的使用方法。具体的操作步骤如下：

（1）打开一幅图像，并在其中创建选区，如图 3.5.9 所示。

（2）选择 选择(S) → 修改(M) → 羽化(F)... 命令，或按"Shift +F6"键，弹出"羽化选区"对话框，如图 3.5.10 所示，在 羽化半径(R): 文本框中输入数值，设置羽化的效果，数值越大，选区的边缘越平滑。

（3）设置完成后，单击 确定 按钮，即可羽化选区，效果如图 3.5.11 所示。

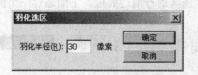

图 3.5.9　打开图像并创建选区　　　图 3.5.10　"羽化选区"对话框　　　图 3.5.11　选区羽化效果

3.5.5 填充选区

利用填充命令可以在创建的选区内部填充颜色或图案。下面通过一个例子介绍填充命令的使用方法。具体的操作步骤如下：

（1）按"Ctrl+N"键，新建一幅图像文件，然后单击工具箱中的"椭圆选框工具"按钮，在新建图像中创建一个椭圆选区，效果如图 3.5.12 所示。

（2）选择 编辑(E) → 填充(L)... 命令，弹出"填充"对话框，如图 3.5.13 所示。

图 3.5.12 新建图像并创建选区　　　　　　图 3.5.13 "填充"对话框

（3）在 使用(U): 下拉列表中可以选择填充时所使用的对象。

（4）在 自定图案: 下拉列表中可以选择所需要的图案样式。该选项只有在 使用(U): 下拉列表中选择"图案"选项后才能被激活。

（5）在 模式(M): 下拉列表中可以选择填充时的混合模式。

（6）在 不透明度(O): 文本框中输入数值，可以设置填充时的不透明程度。

（7）设置完成后，单击 确定 按钮即可填充选区。图 3.5.14 所示的为使用前景色和图案填充选区的效果。

图 3.5.14 填充选区效果

3.5.6 描边选区

利用描边命令可以对创建的选区进行描边处理。下面通过一个例子来介绍描边命令的使用方法。具体的操作步骤如下：

（1）以图 3.5.12 所示的选区为基础，选择 编辑(E) → 描边(S)... 命令，弹出"描边"对话框，如图 3.5.15（a）所示。

（2）在 宽度(W): 文本框中输入数值，设置描边的边框宽度。

（3）单击 颜色: 后的颜色框，可从弹出的"拾色器"对话框中选择合适的描边颜色。

（4）在 位置 选项区中可以选择描边的位置，从左到右分别为位于选区边框的内边界、边界中和外边界。

（5）设置完成后，单击 确定 按钮，即可对创建的选区进行描边，效果如图 3.5.15（b）所示。

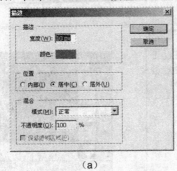（a） （b）

图 3.5.15 描边选区

3.5.7 复制与粘贴选区

利用 编辑(E) 菜单中的 拷贝(C) 和 粘贴(P) 命令可对选区内的图像进行复制或粘贴。具体的操作方法如下：

（1）打开一幅图像，并为需要复制的图像部分创建选区，如图 3.5.16 所示，然后按"Ctrl+C"键复制选区内的图像。

（2）按"Ctrl+V"键粘贴选区内图像，再单击工具箱中的"移动工具"按钮 ，将粘贴的图像移动到目标位置，效果如图 3.5.17 所示。

图 3.5.16 创建选区效果　　　　图 3.5.17 粘贴并移动图像

另外，用户也可同时打开两幅图像，将其中一幅图像中的内容复制并粘贴到另外一幅图像中，其操作步骤和在一幅图像中的操作方法相同，这里不再重述。

> 技巧　在图像中需要复制图像的部分创建选区，然后在按住"Alt"键的同时利用移动工具移动选区内的图像，可快速复制并粘贴图像。

3.5.8 存储选区

选择菜单栏中的 选择(S) → 存储选区(V)... 命令，弹出"存储选区"对话框，如图 3.5.18 所示。

文档(D)：该选项用于选择选区存储的位置，如果在 Photoshop CS4 中同时打开几个图像，则可以单击其右侧的下拉按钮 选择不同的文件进行存储；用户也可以新建一个文件，用来存储选区。

通道(C)：该选项用于选择一个通道来存放选区，在默认情况下，新建一个通道来存储选区。

名称(N)：用户可以在其右侧的文本框中输入名称来识别存储的选区。

设置好以上参数后，单击 确定 按钮，即可将创建好的选区在通道中存储起来，如图 3.5.19 所示。

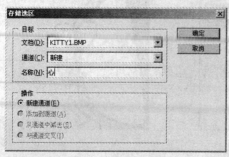

图 3.5.18 "存储选区"对话框

图 3.5.19 存储选区效果

3.5.9 载入选区

选择菜单栏中的 选择(S) → 载入选区(L)... 命令，弹出"载入选区"对话框，如图 3.5.20 所示。该对话框与"存储选区"对话框基本相似，各选项含义如下：

文档(D)：该选项用于选择已存储的选区的存储位置。

通道(C)：该选项用于选择已存储选区的通道。

☑ 反相(V)：该选项用于选区的反转，即将载入的原选区进行反转操作。

⦿ 新建选区(N)：选中该单选按钮表示将载入的选区新建为一个单独的选区。

⦿ 添加到选区(A)：选中该单选按钮表示将载入的选区添加到原选区中去。

⦿ 从选区中减去(S)：选中该单选按钮表示将载入的选区从原选区中减去。

⦿ 与选区交叉(I)：选中该单选按钮表示选择原选区和新载入选区的交叉部分，使其成为一个新选区。

设置好以上参数后，单击 确定 按钮，即可载入存储的选区，如图 3.5.21 所示。

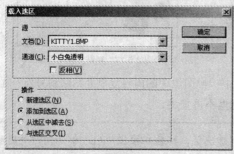

图 3.5.20 "载入选区"对话框

图 3.5.21 载入的选区

3.5.10 取消选区

在编辑过程中，当不需要一个选区时，可以将其取消。取消选区常用的方法有以下几种：

（1）选择 选择(S) → 取消选择(D) 命令取消选区。

（2）按 "Ctrl+D" 键，也可以取消选区。

（3）若当前使用的是选取工具，在选区外任意位置单击鼠标即可取消选区。

（4）用鼠标右键单击图像中的任意位置，在弹出的快捷菜单中选择"取消选择"命令取消选区。

3.6 典型实例——绘制月亮

本例使用本章所学的内容绘制月亮效果，最终效果如图3.6.1所示。

图3.6.1 最终效果图

创作步骤

（1）按"Ctrl+O"键打开一幅图像，单击工具箱中的"椭圆选框工具"按钮 ，设置其属性栏如图3.6.2所示。

图3.6.2 "椭圆选框工具"属性栏

（2）在打开的图像中绘制一个圆选区。

（3）再在"椭圆选框工具"属性栏中将椭圆的宽度和高度都设置为"70"。

（4）设置完成后，在打开的图像中绘制一个圆选区，此时效果如图3.6.3所示。

（5）选择 选择(S) → 修改(M) → 羽化(F)... 命令，弹出"羽化选区"对话框，设置参数如图3.6.4所示。

图3.6.3 绘制选区

图3.6.4 "羽化选区"对话框

（6）单击 确定 按钮，效果如图3.6.5所示。

（7）单击工具箱中的"渐变工具"按钮 ，然后单击属性栏中的"渐变编辑器"按钮 ，弹出"渐变编辑器"对话框，设置参数如图3.6.6所示。

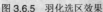

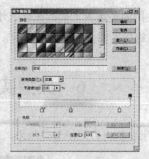

图 3.6.5　羽化选区效果　　　　　　图 3.6.6　"渐变编辑器"对话框

（8）单击 确定 按钮，在选区中从上向下拖曳鼠标，对选区进行渐变填充。

（9）按"Ctrl+T"键，对图像的大小及位置进行调整，最终效果如图 3.6.1 所示。

小　　结

通过本章的学习，读者应该掌握各种选取工具的使用方法和技巧，能够熟练使用这些工具创建不同的选区，并且对所创建的选区进行更加精确的修改和编辑操作。

过关练习三

一、填空题

1. 利用磁性套索工具可以选取_____图像区域。

2. 利用魔棒工具可以根据_____来创建选区。

二、选择题

1. 下面不能用来创建规则选区的工具是（　　）。

　　A. 矩形选框工具　　　　　　　　　　B. 椭圆选框工具

　　C. 魔棒工具　　　　　　　　　　　　D. 单行/单列选框工具

2. 利用（　　）命令可以将当前图像中的选区和非选区进行相互转换。

　　A. 反向　　　　　　　　　　　　　　B. 平滑

　　C. 羽化　　　　　　　　　　　　　　D. 边界

3. 若要取消制作过程中不需要的选区，可按（　　）键。

　　A. Ctrl+N　　　　　　　　　　　　　B. Ctrl+D

　　C. Ctrl+O　　　　　　　　　　　　　D. Ctrl+Shift+I

三、简答题

在 Photoshop CS4 中，可以使用哪几个命令来修改选区？

四、上机操作题

1. 打开一幅图像，使用选取工具创建选区，再对其进行修改与编辑等操作。

2. 打开一幅图像，利用魔棒工具在图像中创建选区。

第 4 章　绘制与修饰图像

在 Photoshop CS4 中创作一幅作品时，经常要绘制一些图像或对图像进行一些适当的编辑与修饰等操作，以达到所需的效果。本章主要介绍 Photoshop CS4 中绘制工具、编辑与修饰图像工具的使用方法和使用技巧。

本章重点

（1）绘制图像
（2）图像的编辑技巧
（3）图像的修复与修饰
（4）选择颜色

4.1　绘　制　图　像

绘制图像的工具有许多，包括画笔工具、铅笔工具以及历史记录画笔等，只有了解与掌握各种绘图工具的操作方法与功能，才能更好地绘制出所需的图像效果。

对于大部分绘图工具，在使用前都要先选择合适的画笔，以达到满意的效果。选择画笔时，可以选择 Photoshop CS4 自带的各种画笔，也可以对这些画笔进行修改，还可以通过画笔控制面板自定义画笔。

4.1.1　使用画笔工具

画笔工具是 Photoshop 中最基本的绘图工具，利用画笔工具可使图像产生用画笔绘制的效果，如图 4.1.1 所示。

图 4.1.1　使用画笔工具绘制图像

1. 画笔的功能

单击工具箱中的"画笔工具"按钮 ，此时属性栏中显示画笔工具的参数设置，如图 4.1.2 所示。

图 4.1.2　"画笔工具"属性栏

在 画笔 下拉列表中可以选择不同大小的画笔。

在 流量:输入框中输入数值，可设置画笔绘制时的流量，数值越大画笔颜色越深。

在 不透明度:输入框中输入数值，可设置绘图颜色对图像的掩盖程度。当不透明度值为 100%时，绘图颜色完全覆盖图像，当不透明度值为 1%时，绘图颜色基本上是透明的。

在属性栏中单击"切换画笔面板"按钮 ，或按"F5"键，可打开 画笔 面板，在此面板中也可以选择画笔，如图 4.1.3 所示。

在 画笔 面板中选择一种画笔后，在图像中拖动鼠标就可以绘制出不同效果的图像，如图 4.1.4 所示。

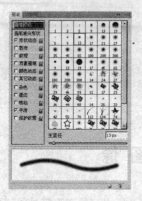

图 4.1.3　画笔面板

图 4.1.4　使用不同画笔绘制的效果

2. 新建与自定义画笔

尽管 Photoshop CS4 提供了很多类型的画笔，但在实际应用中并不能满足需要。因此，可以通过 画笔 面板创建新画笔进行图像绘制。具体的操作方法如下：

（1）在 画笔 面板中单击右上角的 按钮，可从弹出的面板菜单中选择 新建画笔预设... 命令，弹出 画笔名称 对话框，如图 4.1.5 所示。在 名称:输入框中输入新画笔的名称，单击 确定 按钮，即可建立一个新画笔。

（2）对新建的画笔设置参数。先选中要设置的画笔，在 主直径 输入框中输入数值，调整画笔直径，如图 4.1.6 所示。

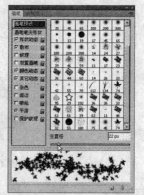

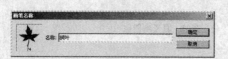

图 4.1.5　"画笔名称"对话框

图 4.1.6　设置画笔直径

在 Photoshop CS4 中，用户可以自定义一些特殊形状的画笔，例如将图像中的某个区域或一个文字定义成一个画笔。具体的操作方法如下：

（1）打开一幅图像，使用矩形选框工具在图像中框选需要定义画笔的区域，如图 4.1.7 所示。

（2）选择菜单栏中的 编辑(E) → 定义画笔预设(B)... 命令，可弹出 画笔名称 对话框，如图 4.1.8 所示，在 名称: 输入框中输入画笔名称，单击 确定 按钮。

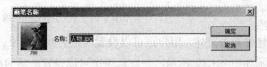

图 4.1.7　选择图像中的某一区域　　　　图 4.1.8　"画笔名称"对话框

（3）此时，可在 画笔 面板中显示出自定义的新画笔，如图 4.1.9 所示。

定义特殊画笔时，只能定义画笔形状，而不能定义画笔颜色。这是因为用画笔绘图时的颜色都是由前景色来决定的。

3．更改画笔设置

不管是新建的画笔，还是系统自带的画笔，其画笔直径、间距以及硬度等都不一定符合绘画的需求，因此要对画笔进行设置。

选择画笔工具后，在 画笔 面板左侧选择 画笔笔尖形状 选项，可显示出该选项参数，如图 4.1.10 所示。然后在面板右上方选择要进行设置的画笔，再在下方设置画笔的大小抖动、最小直径、角度抖动以及圆度抖动等选项。

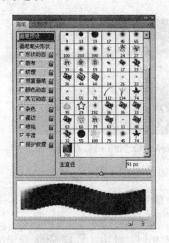

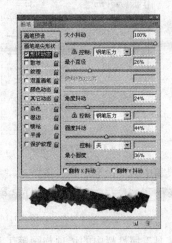

图 4.1.9　显示新定义的画笔　　　　图 4.1.10　更改画笔参数

最小直径：用于设置画笔直径大小。

角度抖动：用于设置画笔角度。设置时可在此输入框中输入 0%～100%之间的数值，或用鼠标拖动其右侧框中的箭头进行调整。

圆度抖动：用于控制椭圆画笔长轴和短轴的比例。

间距：用于控制绘制线条时两个绘制点之间的中心距离。范围是 1%～1 000%。数值为 25%时，能绘制比较平滑的线条；数值为 200%时，绘制出的是断断续续的圆点，如图 4.1.11 所示。

图 4.1.11　不同间距绘制的线条

除了上述参数设置外，用户还可以设置画笔的其他效果。在 画笔 面板左侧选中 纹理 复选框，此时面板显示如图 4.1.12 所示，在此选项中可以设置画笔的纹理效果。此外，用户还可以在 画笔 面板中设置 ☑散布 、 ☑双重画笔 、 ☑其他动态 与 ☑颜色动态 等选项中的参数来定义画笔效果。

4.1.2　使用铅笔工具

铅笔工具属于实体画笔，类似于铅笔，主要用于绘制硬边画笔的笔触，使用它绘制的线条比较尖锐。其使用方法与画笔工具类似，用鼠标单击或拖动即可绘制图像，如图 4.1.13 所示。

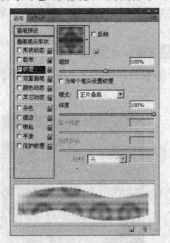

图 4.1.12　纹理选项参数

图 4.1.13　使用铅笔工具绘制图像

单击工具箱中的"铅笔工具"按钮 ，属性栏显示如图 4.1.14 所示。

图 4.1.14　"铅笔工具"属性栏

"铅笔工具"属性栏中的选项与画笔工具的选项基本相似。其中，☑自动抹除 是铅笔工具的特殊功能，选中此复选框，所绘制效果与鼠标的单击起始点的像素有关，当起始点的像素颜色与前景色相同时，铅笔工具可表现出橡皮擦功能，并以背景色绘图；如果绘制时鼠标起始点的像素颜色不是前景色，则所绘制的颜色仍然是前景色。

使用铅笔工具也可以以直线的方式进行绘制，其操作方法很简单，只要在按住"Shift"键的同时使用铅笔工具在图像中按住鼠标左键拖动即可。

4.1.3 使用颜色替换工具

使用颜色替换工具可以简化图像中特定颜色的替换。单击工具箱中的"颜色替换工具"按钮 ，属性栏显示如图 4.1.15 所示。

图 4.1.15 "颜色替换工具"属性栏

在 限制: 下拉列表中可选择替换颜色的方式。选择 不连续 选项，可替换出现在指针下任何位置的样本颜色；选择 连续 选项，可替换与鼠标单击处颜色相近的颜色；选择 查找边缘 选项，可替换包含样本颜色的相连区域，同时更好地保留形状边缘的锐化程度。

在 容差: 输入框中输入数值，可替换与所选点像素非常相似的颜色。

4.1.4 使用历史记录画笔工具

历史记录画笔工具和画笔工具一样，都是绘图工具，但它们又有其独特的作用。使用历史记录画笔工具可以非常方便地恢复图像至任一操作，而且还可以结合属性栏中的画笔形状、不透明度和混合模式等选项设置制作出特殊的效果。此工具必须与历史记录面板配合使用。下面通过一个具体的实例来了解历史记录画笔工具的使用方法。

（1）打开一幅图像，如图 4.1.16 所示。

（2）单击工具箱中的"椭圆选框工具"按钮 ，在图像中绘制椭圆选区，并按"Shift+F6"键，弹出 羽化选区 对话框，设置 羽化半径(R): 为 100 像素，单击 确定 按钮。再设置前景色为黄色，按"Alt+Delete"键填充羽化后的选区，如图 4.1.17 所示。

图 4.1.16 打开的图像　　　　　　　　图 4.1.17 填充羽化选区

（3）按"Ctrl+D"键取消选区，此时，可在 历史记录 面板中显示出对图像所做的各种操作，如图 4.1.18 所示。

（4）在 历史记录 面板左侧单击"打开"列表前的小方块，设置历史记录画笔的源，此时小方块内会出现一个历史画笔图标，如图 4.1.19 所示。

图 4.1.18 历史记录面板　　　　　　　图 4.1.19 设置历史记录画笔的源

（5）单击工具箱中的"历史记录画笔"按钮 ，在属性栏中设置好画笔大小，按住鼠标左键在图像中要恢复的区域来回拖动，此时可看到图像将回到"打开"状态时的效果，如图 4.1.20 所示。

图 4.1.20　使用历史记录画笔工具恢复图像

提示　在 历史记录 面板中，历史画笔图标表示历史画笔恢复图像的数据来源，即恢复图像将以这个历史记录状态下显示的图像为来源图像进行恢复。

4.1.5　使用历史记录艺术画笔工具

历史记录艺术画笔工具使用指定历史记录状态或快照中的源数据，以风格化描边进行绘画。通过设置不同的绘画样式、大小和容差选项，可以用不同的色彩和艺术风格模拟绘画的纹理，如图 4.1.21 所示。

图 4.1.21　使用历史记录艺术画笔工具效果

历史记录艺术画笔工具与历史记录画笔工具的操作方法基本相同。所不同的是，历史记录画笔工具能将局部图像恢复到指定的某一步操作，而历史记录艺术画笔工具却能将局部图像依照指定的历史记录状态转换成手绘图效果。此工具也要结合 历史记录 面板一起使用。

单击工具箱中的"历史记录艺术画笔工具"按钮 ，其属性栏如图 4.1.22 所示。

画笔: 模式: 正常　不透明度: 100%　流量: 100%

图 4.1.22　"历史记录艺术画笔工具"属性栏

在 模式: 下拉列表中选择一种选项可控制绘画描边的形状。

在 不透明度: 输入框中输入数值，可设置恢复图像和原来图像的相似程度。数值越大，恢复图像与原图像越接近。

在 流量: 输入框中输入数值，可指定绘画描边所覆盖的区域。数值越大，覆盖的区域就越大，描边的数量也就越多。

4.2 图像的编辑技巧

Photoshop CS4 中的图像编辑命令包括剪切、粘贴、还原、拷贝以及贴入等，利用这些编辑命令可以快速地制作一些特殊的图像效果。

4.2.1 剪切、复制与粘贴图像

对当前的图像进行剪切、复制或粘贴，其具体的操作方法如下：

（1）打开要进行编辑的图像，如图 4.2.1 所示。

（a）

（b）

图 4.2.1 打开的两个图像

（2）使用椭圆选框工具在图 4.2.1（a）中创建选区，如图 4.2.2 所示。

（3）选择菜单栏中的 编辑(E)→拷贝(C) 命令，或按"Ctrl+C"键将选区内的图像复制到剪贴板上。

（4）单击图 4.2.1（b）中的任意处，然后选择菜单栏中的 编辑(E)→粘贴(P) 命令，或按"Ctrl+V"键，即可将剪贴板中的图像粘贴到该图像中，效果如图 4.2.3 所示。

图 4.2.2 创建选区　　　　　图 4.2.3 粘贴选区中的图像到另一幅图像中

在 Photoshop CS4 中剪切图像同复制图像一样简单，只要选中该图像后，选择菜单栏中的 编辑(E)→剪切(T) 命令，或按"Ctrl+X"键即可，如图 4.2.4 所示。

图 4.2.4 剪切前后的图像对比

4.2.2　合并拷贝和贴入图像

选择菜单栏中的 编辑(E) → 合并拷贝(Y) 与 贴入(I) 命令，可实现复制与粘贴图像操作。

选择 合并拷贝(Y) 命令可复制图像中的所有图层，即在不影响原图像的情况下，将选区内的所有图层均复制并放入剪贴板中。

选择 贴入(I) 命令之前，先在图像中创建一个选区，并且该图像必须要有除背景图层以外的其他图层，否则此命令不可用。

贴入图像的操作方法如下：

（1）打开一幅图像，按"Ctrl+A"键全选整幅图像，如图 4.2.5 所示。

（2）按"Ctrl+C"键复制所选择的整幅图像到剪贴板上，再打开一幅图像，并在图像中创建选区，如图 4.2.6 所示。

图 4.2.5　全选图像　　　　　　　　　图 4.2.6　创建选区

（3）选择菜单栏中的 编辑(E) → 贴入(I) 命令，或按"Ctrl+Shift+V"键，可将剪贴板上的图像粘贴到如图 4.2.6 所示的选区中，最终效果如图 4.2.7 所示。

图 4.2.7　使用贴入命令后的效果

4.2.3　移动与清除图像

在 Photoshop CS4 中处理图像时，有时要将当前图层中的图像、选区中的图像移动或清除，这时可以使用移动工具或清除图像功能来完成。图 4.2.8 所示的就是使用移动工具移动图像后的效果。

使用移动工具移动图像的操作方法如下：

（1）打开一幅图像，使用选取工具在图像中要移动的区域创建选区。

（2）单击工具箱中的"移动工具"按钮 ，将鼠标指针移至选区内，按住鼠标左键拖动，即可将选区内的图像移至需要的位置。

使用移动工具除了可以移动选区内的图像外，还可以移动图层中的图像，方法是：选择要移动的图层，然后选择移动工具，在要移动的图像上按住鼠标左键拖动即可。

图 4.2.8　使用移动工具移动图像

清除图像的方法是：先使用选取工具在图像中选择要删除的区域，然后选择菜单栏中的 编辑(E) → 清除(E) 命令，或按"Delete"键即可，删除后的图像区域会以背景色填充。

4.2.4　图像的变换操作

在 Photoshop CS4 中，可以对整个图层、选区中的图像、路径以及形状进行变换操作，包括缩放、旋转、扭曲、斜切以及透视等。

1. 旋转与翻转图像

选择菜单栏中的 图像(I) → 旋转画布(E) 命令，弹出如图 4.2.9 所示的子菜单，从中选择相应的命令可对整个图像进行旋转与翻转操作。

选择 180 度(1) 命令，可将整个图像旋转半圈，即旋转 180°。

选择 90 度(顺时针)(9) 命令，可将整个图像按顺时针方向旋转 90°。

选择 90 度(逆时针)(0) 命令，可将整个图像按逆时针方向旋转 90°。

选择 水平翻转画布(H) 或 垂直翻转画布(V) 命令，将整个图像沿垂直轴水平翻转或沿水平轴垂直翻转，如图 4.2.10 所示。

```
180 度(1)
90 度(顺时针)(9)
90 度(逆时针)(0)
任意角度(A)...

水平翻转画布(H)
垂直翻转画布(V)
```

图 4.2.9　旋转画布子菜单

（a）原图像　　　　　（b）水平翻转　　　　　（c）垂直翻转

图 4.2.10　翻转图像

选择 任意角度(A)... 命令，可按指定的角度旋转图像。

提示　使用旋转画布子菜单中的命令之前，不用选取任何范围，它是针对整个图像的。所以，即使在图像中选取了范围，使用各种旋转与翻转命令时仍然是对整个图像进行操作。

2. 旋转与翻转局部图像

对局部图像的旋转与翻转就是对选区范围内的图像或一个普通图层中的图像进行操作。

选择菜单栏中的 编辑(E) → 变换(A) 命令，弹出其子菜单，从中选择相应的命令可对局部图像进行旋转与翻转操作。例如，选择一个选区后，选择菜单栏中的 编辑(E) → 变换(A) → 水平翻转(H) 命令，可将选区内的图像水平翻转，效果如图 4.2.11 所示。

图 4.2.11　水平翻转选区内的图像

3. 变换图像

要对图像进行自由变换，可选择菜单栏中的 编辑(E) → 变换(A) 命令，弹出如图 4.2.12 所示的子菜单。从中选择相应的命令，可对选区中的图像或普通图层中的图像进行相应的变换操作，此处选择 扭曲(D) 命令，效果如图 4.2.13 所示。

图 4.2.12　变换子菜单　　　　　　　　图 4.2.13　变换图像

4.2.5　裁切图像

裁切图像是移去整个图像中的部分图像以形成突出或加强构图效果的过程。

用户可以使用工具箱中的裁切工具来完成裁切图像，具体的操作方法如下：

（1）打开一幅要裁切的图像，单击工具箱中的"裁切工具"按钮，在要裁切的图像中拖动鼠标，创建带有控制点的裁切框，如图 4.2.14 所示。

（2）将鼠标指针移至控制点上，当指针变成↕、↔ 形状时，按住鼠标左键并拖动，可对裁切框进行旋转、缩放等调节，如图 4.2.15 所示。

（3）将鼠标指针移至裁切框内，当指针变成 ▶ 形状时，按住鼠标左键并拖动，即可将裁切框移动至其他位置。在裁切框内双击鼠标左键，即可裁切图像，如图 4.2.16 所示。

图 4.2.14 裁剪图像

图 4.2.15 旋转裁切框

创建裁切框之后，可在其属性栏中选中 ☑ 透视 复选框，然后用鼠标拖动裁切框上的控制点，对裁切框进行透视变形，如图 4.2.17 所示。

图 4.2.16 裁切图像

图 4.2.17 透视变形裁切框

按住"Alt"键拖动裁切框上的控制点，则可以以原中心点为开始点对裁切框进行缩放；若按住"Shift"键拖动已选定裁切范围的控制点，则可将高与宽等比例缩放；如果按住"Shift+Alt"键拖动已选定裁切范围的控制点，则以原中心点为开始点，将高与宽等比例缩放。

4.3 图像的修复与修饰

利用 Photoshop CS4 工具箱中的图章工具、修复画笔工具、修补工具、模糊工具、锐化工具、涂抹以及加深工具等，可对图像进行修复与修饰操作。

4.3.1 使用图章工具

图章工具分为两种，即仿制图章工具与图案图章工具。用鼠标右键单击工具箱中的"仿制图章工具"按钮 ▣，可显示出隐藏的图章工具，如图 4.3.1 所示。

1. 仿制图章工具

使用仿制图章工具可以将一幅图像的全部或某区域复制到同一幅图像或其他图像中。

单击工具箱中的"仿制图章工具"按钮 ▣，其属性栏显示如图 4.3.2 所示。

图 4.3.1 图章工具组

> ■ 仿制图章工具 S
> 图案图章工具 S

图 4.3.2　"仿制图章工具"属性栏

在 **画笔:** 右侧单击 下拉按钮，可从弹出的画笔预设面板中选择图章的画笔形状及大小。

选中 **对齐** 复选框，在复制图像时，不论中间停止多长时间，再按下鼠标左键复制图像时都不会间断图像的连续性；如果不选中此复选框，中途停下之后再次开始复制时，就会以再次单击的位置为中心，从最初取样点进行复制。因此，选中此复选框可以连续复制多个相同的图像。

使用仿制图章工具修复图像的具体操作步骤如下：

（1）打开一幅图像，如图 4.3.3 所示。

（2）单击工具箱中的"仿制图章工具"按钮 ，将鼠标指针移至图像中要复制的区域，按住"Alt"键在图像中单击定点取样。

（3）将鼠标指针移到当前图像或另一图像中要覆盖的区域，按住鼠标左键来回拖动，即可将仿制的图像区域复制到新的位置，如图 4.3.4 所示。

图 4.3.3　打开的图像　　　　图 4.3.4　使用仿制图章工具复制图像

注意 　当使用仿制图章工具进行复制时，在图像的取样处会出现一个十字线标记，表示当前正复制取样处的原图部分。

2. 图案图章工具

使用图案图章工具可以将图案库中的图案或用户自定义的图案复制到同一图像或其他图像中。

单击工具箱中的"图案图章工具"按钮 ，其属性栏如图 4.3.5 所示。

图 4.3.5　"图案图章工具"属性栏

在属性栏中单击 下拉按钮，可打开预设的图案样式面板，如图 4.3.6 所示，从中可以选择一种预设的图案样式，然后在图像中拖动鼠标填充所选的图案。

在属性栏中选中 **印象派效果** 复选框，可在绘制图案时添加印象派画的艺术效果。

使用图案图章工具复制自定义图案的具体操作步骤如下：

（1）打开要复制的图像，使用矩形选框工具选取所要复制的区域，如图 4.3.7 所示。

（2）选择菜单栏中的 **编辑(E) → 定义图案...** 命令，弹出 **图案名称** 对话框，如图 4.3.8 所示。

（3）输入图案名称，单击 **确定** 按钮，新定义的图案即可显示在预设的图案样式面板中，如图 4.3.9 所示。

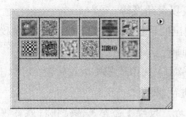

图 4.3.6　预设的图案样式面板　　　　　　　　　图 4.3.7　选取区域

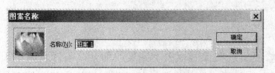

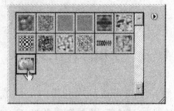

图 4.3.8　"图案名称"对话框　　　　　　　图 4.3.9　在预设的图案样式面板中选择图案

（4）选择定义的图案，在属性栏中设置所复制图案的不透明度、模式、流量以及画笔大小，然后在图像中按住鼠标左键来回拖动，复制图案，效果如图 4.3.10 所示。

图 4.3.10　使用图案图章工具复制图案

4.3.2　使用修复画笔工具

修复画笔工具可用于校正图像中的瑕疵，修复效果如图 4.3.11 所示。它与仿制图章工具相似，通过修复画笔工具可以利用图像或图案中的样本像素来绘画。

图 4.3.11　使用修复画笔工具修复图像

单击工具箱中的"修复画笔工具"按钮 ，其属性栏如图 4.3.12 所示。

图 4.3.12　"修复画笔工具"属性栏

在 画笔: 下拉列表中可设置画笔的形状、大小、硬度以及角度等。

单击 模式: 右侧的 正常 下拉列表框，可从弹出的下拉列表中选择不同的混合模式。

在 源: 选项区中提供了两个选项，可用于设置修复画笔工具复制图像的来源。选中 取样 单选按钮，必须按住"Alt"键在图像中取样，然后对图像进行修复；选中 图案: 单选按钮，可单击右侧的 下拉按钮，从弹出的预设图案样式中选择图案对图像进行修复。

选中 对齐 复选框，会以当前取样点为基准连续取样，这样无论是否连续进行修补操作，都可以连续应用样本像素；若不选中此复选框，则每次停止和继续绘画时，都会从初始取样点开始应用样本像素。

4.3.3　使用修补工具

修补工具可以利用图像的局部或图案来修复所选图像区域中不完美的部分。与修复画笔工具一样，修补工具会将样本像素的纹理、光照、阴影与所要修补的像素进行匹配，但与修复画笔工具不同的是修补工具要先建立选区，然后用拖动选区的方法来修补图像。具体的使用方法如下：

（1）单击工具箱中的"修补工具"按钮 ，在图像中拖动鼠标选择想要修复的区域，如图 4.3.13 所示。

图 4.3.13　选择修复区域

（2）将鼠标指针移至选区内，按住鼠标左键将其拖到要取样的区域进行修复，如图 4.3.14 所示。

图 4.3.14　拖动选区

（3）松开鼠标后，即可用取样的区域修补选择的区域，然后取消选区，如图 4.3.15 所示。

图 4.3.15 使用修补工具修复图像

单击工具箱中的"修补工具"按钮 ，属性栏显示如图 4.3.16 所示。

图 4.3.16 "修补工具"属性栏

在 修补: 选项区中提供了两种修补方式：选中 源 单选按钮，将选择的图像区域拖动至另一区域，即可用另一区域的像素修补选择区域的像素；选中 目标 单选按钮，将选择的图像区域拖动至另一区域，即可将选择区域像素复制到另一区域，并且选区内的图像将会和目标图像融合在一起，达到修复图像的效果。

选中 透明 复选框，可使修补的图像与原图像产生透明的叠加效果。

单击 使用图案 按钮，可从图案库中选择图案来填充建立的选区，如图 4.3.17 所示。

图 4.3.17 使用图案修复图像

4.3.4 使用模糊工具

模糊工具可以软化图像中硬的边缘或区域，对图像的细节进行局部的修饰，使图像变得模糊。

单击工具箱中的"模糊工具"按钮 ，其属性栏如图 4.3.18 所示。

图 4.3.18 "模糊工具"属性栏

画笔: ：可设置画笔的形状与大小。

强度: ：可设置画笔的压力，压力越大，色彩越浓。

使用模糊工具修饰图像的方法很简单，只要打开要进行模糊修饰的图像，然后单击工具箱中的"模糊工具"按钮 ，在属性栏中设置好参数，在图像中按住鼠标左键来回拖动进行涂抹即可，其效果如图 4.3.19 所示。

图 4.3.19　使用模糊工具修饰图像

4.3.5　使用锐化工具

锐化工具可用来锐化软边以增加图像的清晰度，也就是增大像素颜色之间的反差，如图 4.3.20 所示。此工具的使用方法与模糊工具相同。

图 4.3.20　使用锐化工具修饰图像

4.3.6　使用减淡工具

减淡工具用来加亮图像的区域，使图像区域的颜色发亮，以达到不同的图像效果。减淡工具的使用方法很简单，选择减淡工具后，在图像中按住鼠标左键来回拖动进行涂抹即可，其效果如图 4.3.21 所示。

图 4.3.21　使用减淡工具修饰图像

单击工具箱中的"减淡工具"按钮 ，属性栏如图 4.3.22 所示。

| 画笔 65 | 范围：中间调 | 曝光度：50% | 保护色调 |

图 4.3.22　"减淡工具"属性栏

在 范围: 下拉列表中可选择不同的色调范围，选择 阴影 选项，可更改图像内的暗调区域；选择 中间调 选项，可更改图像内的中间色调区域；选择 高光 选项，可更改图像内的亮光区域。

在 曝光度: 输入框中输入数值，可设置处理图像时的曝光强度。

4.3.7　使用加深工具

加深工具可使图像区域的颜色变暗，以达到不同的图像效果。此工具的使用与设置方法和减淡工具一样。在属性栏中设置好参数后，使用加深工具在图像中来回拖动鼠标涂抹，此时图像的颜色会变暗，效果如图 4.3.23 所示。

图 4.3.23　使用加深工具修饰图像

4.3.8　使用海绵工具

海绵工具可精确地增加或减少图像的色彩饱和度。单击工具箱中的"海绵工具"按钮，其属性栏如图 4.3.24 所示。

图 4.3.24　"海绵工具"属性栏

在 模式: 下拉列表中提供了两种模式，即 降低饱和度 与 饱和。选择 降低饱和度 选项，可降低图像颜色的饱和度，使图像中的灰度色调增强；选择 饱和 选项，将增加图像颜色的饱和度，使图像中的灰度色调减少，如图 4.3.25 所示。

原图　　　　　　　　　　　饱和　　　　　　　　　　降低饱和度

图 4.3.25　使用海绵工具修饰图像

4.3.9　使用涂抹工具

涂抹工具可模拟使用湿颜料在图纸上拖动的效果。其效果如图 4.3.26 所示。

图 4.3.26　使用涂抹工具修饰图像

单击工具箱中的"涂抹工具"按钮，其属性栏如图 4.3.27 所示。

图 4.3.27　"涂抹工具"属性栏

选中☑对所有图层取样 复选框，可利用所有可见图层中的颜色数据来进行涂抹；若不选中此复选框，则涂抹工具只使用当前图层的颜色。

选中☑手指绘画 复选框，可以设置涂抹的颜色，即在图像中涂抹时用前景色与图像中的颜色混合；如果不选中此复选框，涂抹工具使用的颜色则来自每一笔起点处的颜色。

4.4　选　择　颜　色

Photoshop 提供了多种绘图工具。使用这些绘图工具绘制图像时，必须先选取一种颜色，然后才能顺利地绘制所需的图像效果。因此，对于 Photoshop 绘图来说，颜色的设置是绘图的关键。本节主要介绍颜色的各种设置方法。

4.4.1　前景色和背景色

在 Photoshop CS4 中设置颜色，主要是通过工具箱中的前景色与背景色来完成的。前景色与背景色显示在工具箱中的下半部分，如图 4.4.1 所示。在默认情况下，前景色为黑色，背景色为白色。

设置前景色

设置背景色

图 4.4.1　前景色与背景色设置

单击左下角的▣图标，可将前景色与背景色设置为默认的黑色与白色；单击右上角的↰图标，可以切换前景色与背景色。

前景色可用于显示和设置当前所选绘图工具所使用的颜色，背景色可显示和设置图像的底色。设置背景色后，并不会立刻改变图像的背景色，只有在使用了与背景色有关的工具时，才会按背景色的设定来执行。比如，使用橡皮擦工具擦除图像时，其擦除的区域将会以背景色填充。

如果要重新设置前景色与背景色，可直接在工具箱中单击前景色图标█或背景色图标￼，即可弹出 **拾色器** 对话框，从中可以选择前景色或背景色。

在此对话框中沿滑杆拖动三角形滑块￼或直接在颜色滑杆上单击所需的颜色区域，即可选择指定的颜色，也可在对话框右侧的四种颜色模式输入框中输入数值来设置前景色与背景色。例如，要在 RGB 模式下设置颜色，只须在 R，G，B 输入框中输入数值即可。

单击 ￼ 确定 ￼ 按钮，即可用所选择的颜色来改变前景色或背景色。

4.4.2 使用颜色面板

利用 颜色 面板选择颜色，与在 **拾色器** 对话框中选择颜色是一样的，都可方便、快速地设置前景色或背景色，并且可以选择不同的颜色模式进行选色。选择菜单栏中的 窗口(W) → 颜色 命令，可打开颜色面板。在默认情况下，颜色面板显示着 HSB 颜色模式的滑块，如图 4.4.2 所示。

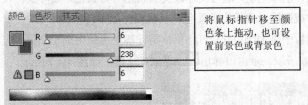

图 4.4.2　颜色面板

在此面板中单击"设置前景色"图标█或"设置背景色"图标￼，当其周围出现双线框时，表示其前景色或背景色被选中，然后在颜色滑杆上拖动三角滑块￼来设置前景色与背景色。当图标周围出现双线框时，继续单击"设置前景色"图标█或"设置背景色"图标￼，将会弹出 **拾色器** 对话框。

在不同的色彩模式下，此面板中的颜色滑块数量与类型也不一样。如果要改变当前的色彩模式，可在此面板右上角单击￼按钮，弹出颜色面板菜单，如图 4.4.3 所示。

在此菜单中可以选择不同色彩模式的滑块，例如选择 **RGB 滑块** 命令，此时 颜色 面板显示如图 4.4.4 所示。

图 4.4.3　颜色面板菜单

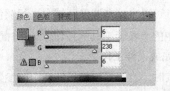

图 4.4.4　颜色面板中的 RGB 模式

颜色条位于 颜色 面板的最下部，默认情况下，颜色条上显示着色谱中的所有颜色。在颜色条上单击某区域，即可选择某区域的颜色。

4.4.3 色板面板

利用 Photoshop CS4 提供的 色板 面板，也可快速、方便地设置前景色与背景色。此面板中的颜色都是预先设置的，可以直接选取使用。选择菜单栏中的 窗口(W) → 色板 命令，可打开如图 4.4.5 所示的面板。

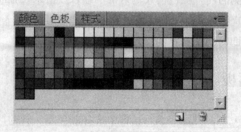

图 4.4.5　色板面板

选择某一个预设的颜色块，既可快速改变前景色与背景色，也可以将设置的前景色与背景色添加到"色板"面板中或删除此面板中的颜色。具体操作如下：

如果要在此面板中添加颜色块，可将鼠标指针移至色块中的空白区域，此时鼠标指针变成油漆桶形状 ，如图 4.4.6 所示，单击可弹出 色板名称 对话框，如图 4.4.7 所示。

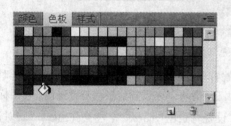

图 4.4.6　添加颜色块

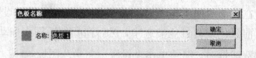

图 4.4.7　"色板名称"对话框

单击 确定 按钮，即可将当前的前景色添加到 色板 面板中。

如果要删除 色板 面板中的某个颜色块，按住鼠标左键将要删除的颜色块拖至底部的"删除色板"按钮 上即可，也可在要删除的色块上单击鼠标右键，从弹出的快捷菜单中选择 删除色板 命令。

在 色板 面板右上角单击 按钮，可弹出此面板菜单，从弹出的菜单中选择相应的命令可对色板进行复位、存储、载入以及替换等操作。

4.4.4 使用吸管工具选取颜色

使用吸管工具可以直接在图像区域中进行颜色采样，并可将采样颜色显示在前景色色块中。

单击工具箱中的"吸管工具"按钮 ，将鼠标指针移至图像中要选取颜色的区域上单击，如图 4.4.8 所示，就可完成采样工作。

使用吸管工具时，也可设置其属性栏中的参数，其属性栏如图 4.4.9 所示。

单击 取样大小 下拉列表，在此下拉列表中提供了 3 种选取颜色的方式。

选择 取样点 选项，表示吸取样点的范围为 1 个像素。

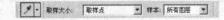

图 4.4.8　使用吸管工具选取颜色　　　　　　　图 4.4.9　"吸管工具"属性栏

选择 3 x 3 平均 选项，表示吸取样点的范围为 9 个像素的色彩平均值。

选择 5 x 5 平均 选项，表示吸取样点的范围为 25 个像素色彩的平均值。

选择 11 x 11 平均 选项，表示吸取样点的范围为 121 个像素色彩的平均值。

选择 31 x 31 平均 选项，表示吸取样点的范围为 961 个像素色彩的平均值。

选择 51 x 51 平均 选项，表示吸取样点的范围为 2 601 个像素色彩的平均值。

选择 101 x 101 平均 选项，表示吸取样点的范围为 10 201 个像素色彩的平均值。

4.4.5　渐变工具

使用渐变工具可以创建多种颜色之间的逐渐混合效果。创建渐变颜色，可以使图像更加丰富多彩，从而增强其视觉效果。

1．渐变工具属性栏的设置

单击工具箱中的"渐变工具"按钮，其属性栏如图 4.4.10 所示。

图 4.4.10　"渐变工具"属性栏

在"渐变工具"属性栏中单击 右侧的小三角，可选择渐变预设填充，单击 ，弹出 渐变编辑器 对话框，可对渐变的颜色进行编辑。

在此属性栏中提供了 5 种渐变填充方式：

线性渐变：此方式以直线从起点到终点渐变。

径向渐变：此方式以圆形图案从起点到终点渐变。

角度渐变：此方式以逆时针扫过的方式围绕起点渐变。

对称渐变：此方式使用对称线性渐变在起点的两侧渐变。

菱形渐变：此方式以菱形图案从起点向外渐变，终点定义菱形的一个角。

选中 反向 复选框，可反转渐变填充中的颜色顺序。

选中 仿色 复选框，可以用较小的带宽创建较平滑的混合。

选中 透明区域 复选框，不透明的设置才会生效，对渐变填充使用透明区域蒙版。

2．自定义渐变模式

在渐变工具属性栏中单击 ，可弹出 渐变编辑器 对话框，如图 4.4.11 所示。

图 4.4.11 "渐变编辑器"对话框

在此对话框中可定义新的渐变或修改现有渐变，还可将中间的颜色添加到渐变中，创建两种以上颜色的混合，图 4.4.12 所示的渐变填充就是一种自定义的渐变填充模式。

图 4.4.12 自定义的渐变填充效果

自定义渐变的具体操作方法如下：

（1）打开或新建一个图像，单击工具箱中的"渐变工具"按钮■，在其属性栏中单击"对称渐变"按钮■，然后单击■■■，弹出渐变编辑器对话框。

（2）如果要定义渐变颜色的起点颜色，则单击渐变条左下方的色标■，该色标会显示成黑色■，表示正在编辑起始颜色，如图 4.4.13 所示。

（3）在 色标 选项区中单击 颜色: 右侧的 ■ 框，在弹出的 选择色标颜色: 对话框中可以定义渐变条下面的色标颜色。或将鼠标指针移至渐变条上，此时鼠标指针会变成吸管，在渐变条上单击，以吸取颜色的方式改变并自定义渐变颜色，如图 4.4.14 所示。

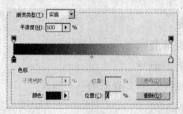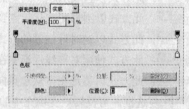

图 4.4.13 编辑起始颜色　　　　　　图 4.4.14 编辑颜色

（4）如果要移动起点或终点色标，可直接用鼠标将色标向左或向右拖动调整。

（5）如果要定义起点与终点的不透明度，可单击渐变条上方的不透明色标，使其显示为可编辑状态■，在 色标 选项区中的 不透明度(O): 输入框中输入不透明度百分比数值，或拖动滑块进行调节，如图 4.4.15 所示。

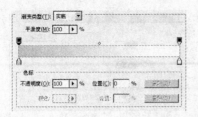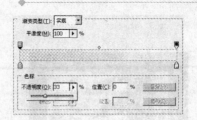

图 4.4.15　设置不透明度

（6）也可在起点与终点色标之间添加一个或多个新的色标，还可以对新色标定义新的颜色，如图 4.4.16 所示。

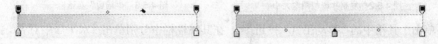

图 4.4.16　添加色标

（7）如果要删除多余的色标，可单击该色标，然后在 色标 选项区单击 删除(D) 按钮。

（8）设置好渐变后，在 名称(N): 输入框中输入新的渐变名称。单击 新建(W) 按钮，新的渐变将显示在 预设 选项区中。

（9）单击 确定 按钮，即可在图像中要填充渐变色的起点到终点拖动鼠标填充渐变效果。

4.5　典型实例——绘制邮票

本例使用本章所学的内容绘制邮票效果，最终效果如图 4.5.1 所示。

图 4.5.1　最终效果图

创作步骤

（1）按"Ctrl+N"键，新建一个图像文件，设置其前景色为黑色，然后按"Alt+Delete"键填充图像。

（2）打开一幅图像，单击工具箱中的"移动工具"按钮，将其拖曳到新建图像中，自动生成图层 1。

（3）按"Ctrl+T"键执行自由变换命令，调整其大小及位置，效果如图 4.5.2 所示。

（4）选择菜单栏中的 编辑(E) → 描边(S)... 命令，弹出"描边"对话框，设置其对话框参数如图 4.5.3 所示。

（5）单击工具箱中的"矩形选框工具"按钮，在图像中创建一个矩形选区，效果如图 4.5.4 所示。

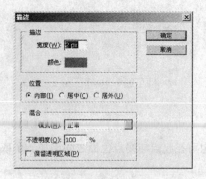

图 4.5.2　复制并调整图像大小　　　　　　图 4.5.3　"描边"对话框

（6）单击工具箱中的"移动工具"按钮，在其属性栏中分别单击"水平居中对齐"按钮和"垂直居中对齐"按钮，调整图形大小及位置。

（7）新建图层 2，将创建的选区填充为白色，按"Ctrl+D"键取消选区，然后在图层面板中将图层 2 拖曳到图层 1 的下方，效果如图 4.5.5 所示。

图 4.5.4　创建矩形选区　　　　　　　　图 4.5.5　填充选区并调整其位置

（8）将图层 2 作为当前图层，单击工具箱中的"画笔工具"按钮，设置其面板参数如图 4.5.6 所示。

（9）按住"Ctrl"键的同时单击图层 2，然后分别单击路径面板中的"将选区生成路径"按钮和"用画笔描边路径"按钮，得到如图 4.5.7 所示的效果。

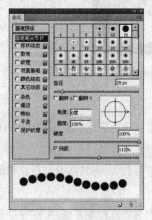

图 4.5.6　画笔面板　　　　　　　　　　图 4.5.7　画笔描边效果

（10）单击工具箱中的"横排文字工具"按钮，其属性栏设置如图 4.5.8 所示。

图 4.5.8　"横排文字工具"属性栏

（11）设置完成后，在图像中输入文字"中国邮政"，效果如图 4.5.9 所示。

图 4.5.9　输入文字效果

（12）再单击工具箱中的"文字工具"按钮 ，设置其字体为"宋体"，字号分别为"50"和"24"，输入文字"120 分"，最终效果如图 4.5.1 所示。

小　　结

本章主要介绍了在 Photoshop CS4 中绘制、编辑、修复与修饰图像的方法。通过本章的学习，读者应掌握 Photoshop CS4 中的一些图像处理技巧，以制作出更多的图像特效。

过关练习四

一、填空题

1. 单击 按钮或按"X"键，可切换_____色。

2. _____工具不仅可以从图像中选取颜色，也可以指定新的前景色或背景色。

3. _____工具属于实体画笔，主要用于绘制硬边画笔的笔触。

二、选择题

1. 使用（　）工具绘制的线条比较尖锐，比较生硬。

    A．艺术画笔　　　　　　　　　　　　B．铅笔

    C．颜色替换　　　　　　　　　　　　D．画笔

2. （　）工具可用于图案绘画，也可以将自定义的图案复制到同一图像或其他图像中。

    A．仿制图章　　　　　　　　　　　　B．修复

    C．图案图章　　　　　　　　　　　　D．修补

3. 如果在背景层中进行擦除，使用（　）工具不能将背景层转换为普通图层。

    A．普通橡皮擦　　　　　　　　　　　B．魔术橡皮擦

    C．背景橡皮擦　　　　　　　　　　　D．都不能

4. （　）工具可以利用图像或图案中的样本像素来绘画。

    A．修补　　　　　　　　　　　　　　B．图章

    C．修复画笔　　　　　　　　　　　　D．图案

三、简答题

简述如何使用艺术画笔工具处理图像效果。

四、上机操作题

1. 自定义一个画笔，并在图像中绘制自定义的画笔笔触效果。

2. 新建一幅图像，练习使用画笔工具、铅笔工具绘制所需的图像。

3. 打开一幅有瑕疵的图像，对其进行修复。

4. 利用工具箱中的椭圆选框工具和渐变填充工具绘制如题图 4.1 所示的按钮效果。

题图 4.1

第 5 章 图像颜色校正

在 Photoshop CS4 中提供了功能全面的色彩与色调调整命令，利用这些命令可以非常方便地对图像进行修改和调整。本章将介绍图像的色彩模式以及调整图像色调命令、调整图像色彩命令和特殊色调调整命令的使用方法。

本章重点

（1）图像色彩模式
（2）调整图像色彩
（3）调整图像色调
（4）特殊色调调整

5.1　图像的色彩模式

色彩模式是指显示或打印输出图像时定义颜色的不同方式。由于每一种模式所能覆盖的色彩范围不同，都有自己的优缺点和适用范围，因此，在实际操作中须要根据不同的要求来选择所需的模式或在各个模式之间进行转换。

5.1.1　色彩的一些基本概念

色相、饱和度、亮度和对比度是与色彩相关的几个重要概念，用户应该清楚地认识它们，以便在设计中灵活运用。

（1）色相：是指从物体反射或透过物体显示的颜色。在通常情况下，色相以颜色名称标识，如红色、绿色和蓝色等。

（2）饱和度：是指颜色的强度或纯度。它表示色相中灰色部分所占的比例，使用从灰色至完全饱和的百分比来度量。

（3）亮度：是指色彩明暗的程度。

（4）对比度：是一幅画中不同颜色的差异程度，通常使用从黑色至白色的百分比来度量。

5.1.2　常用色彩模式

在 Photoshop 中，常用的色彩模式有 RGB 模式、CMYK 模式、Lab 模式、灰度模式、位图模式和索引模式等。

1．RGB 模式

RGB 色彩模式是 Photoshop CS4 中最常用的一种色彩模式，在这种色彩模式下，图像占据空间比较小，而且还可以使用 Photoshop CS 中所有的滤镜和命令。

RGB 色彩模式下的图像有 3 个颜色通道，分别为红色通道（Red）、绿色通道（Green）和蓝色通道（Bule），每个通道的颜色被分为 256（0～255）个亮度级别，在 Photoshop CS4 中，每个像素的颜色都是由这 3 个通道共同决定的结果，所以每个像素都有 256^3（1 677 万）种颜色可供选择。

RGB 色彩模式的图像不能直接转换为位图色彩模式和双色调色彩模式图像。要把 RGB 色彩模式先转换为灰度模式，再由灰度模式转换为位图色彩模式。

注意 RGB 模式一般不用于打印，因为它的有些色彩已经超出了打印的范围，在打印一幅真彩色的图像时，就会损失一部分亮度，且比较鲜艳的色彩会失真。在打印时，系统会自动将 RGB 模式转换为 CMYK 模式，而 CMYK 模式所定义的色彩要比 RGB 模式定义的色彩少很多，因此会损失一部分颜色，出现打印后失真的现象。

2．CMYK 模式

它是彩色印刷时使用的一种颜色模式，由 Cyan（青）、Magenta（洋红）、Yellow（黄）和 Black（黑）四种色彩组成。为了避免和 RGB 三基色中的 Blue（蓝色）发生混淆，其中的黑色用 K 来表示。我们在平面美术中，经常用到 CMYK 模式。

3．Lab 模式

Lab 模式是由国际照明委员会制定的一套标准，它有 3 个颜色通道，一个代表亮度，用 L 表示，亮度的范围在 0～100；其余两个代表颜色范围，用 a 和 b 表示，a 通道颜色范围是由绿色渐变至红色，b 通道是由蓝色渐变至黄色。a 通道和 b 通道的颜色范围都在－120～120 之间。

4．灰度模式

灰度模式中只存在灰度，最多可达 256 级灰度，当一个彩色文件被转换为灰度模式时，Photoshop 会将图像中与色相及饱和度等有关的色彩信息消除掉，只留下亮度。

注意 虽然 Photoshop 允许将一个灰度模式图像转换为彩色模式，但却不会拥有颜色信息。

5．位图模式

位图模式是指由黑、白两种像素组成的图像模式，它有助于控制灰度图的打印。只有灰度模式或多通道模式的图像才能转换为位图模式。因此，要把 RGB 模式转换为位图模式，应先将其转换为灰度模式，再由灰度模式转换为位图模式。

6．索引模式

索引色彩模式又叫做映射色彩模式，该模式的像素只有 8 位，即图像只能含有 256 种颜色。这些颜色是预先定义好的，组织在一张颜色表中，当图像从 RGB 模式转换到索引色彩模式时，RGB 模式中的 16 M 种颜色将映射到这 256 种颜色中。但是因为该模式下的文件较小，所以被较多地应用于多媒体文件和网页图像。

5.1.3　色彩模式间的相互转换

在 Photoshop 中，用户可以根据图像处理的要求对色彩模式进行转换。Photoshop 默认的色彩模式是 RGB 模式，在 Photoshop 中也可以将图像的色彩模式转换为 CMYK、灰度以及索引颜色等其他色彩模式。选择 图像(I) → 模式(M) 命令，将弹出如图 5.1.1 所示的子菜单，在其中选择相应的模式命令，即可将图像转换为该模式。如要将图像用于印刷，只要选择"模式"子菜单中的 CMYK 颜色(C) 命令将其转换为 CMYK 模式即可。

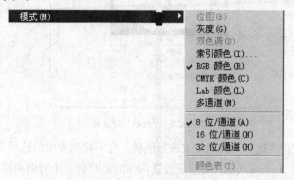

图 5.1.1 "模式"子菜单

5.2 调整图像色调

对图像进行色调调整，主要是调整图像的明暗程度。色调调整命令主要包括自动色阶、色阶、曲线、色彩平衡、亮度/对比度等。

5.2.1 自动色阶命令

当使用 图像(I) → 调整(A) → 自动色阶(A) 命令调整图像色调时，系统不弹出任何对话框，只是按照默认值来调整图像颜色的明暗度。一般情况下，这种调整只能针对该图像中的所有颜色来进行，而不能只针对某一种色来调整。如图 5.2.1 所示，对左边的图像使用"自动色阶"命令调整明暗度后，得到右图所示的效果。

图 5.2.1 应用自动色阶命令前后效果对比

5.2.2 色阶命令

利用色阶命令可以调整图像的亮度或暗度。打开一幅图像，选择 图像(I) → 调整(A) → 色阶(L)... 命令，弹出"色阶"对话框，如图 5.2.2 所示。

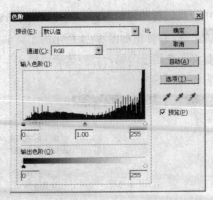

图 5.2.2 "色阶"对话框

在 通道(C): 下拉列表中可选择一种通道来进行调整。此下拉列表中的选项会随图像的模式而变化。

在 输入色阶(I): 后面有 3 个输入框，可用于设置图像的最暗调、中间调和最亮调，也可通过移动相对应的滑块来对图像的色调进行调整。

在 输出色阶(O): 后面的两个输入框中输入数值，可以限定图像的亮度范围。

在图像中单击"设置黑场"按钮 ，则会将图像中最暗处的色调设置为单击处的色调值，所有比它更暗的像素都将成为黑色。

在图像中单击"设置灰点"按钮 ，则单击处颜色的亮度将成为图像的中间色调范围的平均亮度。

单击"设置白场"按钮 ，在图像中单击，可将最亮处的色调值设置为单击处的色调值，所有比它更亮的像素都将成为白色。

单击 自动(A) 按钮，Photoshop CS4 将以 0.5%的比例调整图像的亮度。它把图像中最亮的像素变成白色，最暗的像素变成黑色。其作用与选择菜单栏中的 图像(I) → 调整(A) → 自动色阶(A) 命令相同。

一般来说，自动色阶适用于简单的灰度图像和像素值比较平均的图像。如果是复杂的图像，则只有手动调整才能得到更为精确的效果。

单击 选项(T)... 按钮，即可弹出 自动颜色校正选项 对话框，如图 5.2.3 所示。在此对话框中可设置各种颜色校正选项。

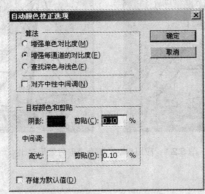

图 5.2.3 "自动颜色校正选项"对话框

在 算法 选项区中可选择颜色校正的算法。

在 目标颜色和剪贴 选项区中可设置暗调、中间调与高光 3 种色调的颜色。

选中 ☑ 存储为默认值(D) 复选框，则可以将在此对话框中设置的参数保存为默认值。

设置好各项参数后，单击 _____ 确定 _____ 按钮，即可完成图像色阶的调整。图 5.2.4 所示的为调整色阶前后效果对比。

图 5.2.4　应用色阶命令调整图像前后效果对比

5.2.3　曲线命令

曲线命令的功能比较强大，它不仅可以调整图像的亮度，还可以调整图像的对比度与色彩范围。曲线命令与色阶命令类似，不过它比色阶命令的功能更全面、更精密。

打开一幅需要调整的图像，选择菜单栏中的 图像(I) → 调整(A) → 曲线(U)... 命令，弹出 曲线 对话框，或按"Ctrl+M"键，可弹出 曲线 对话框，如图 5.2.5 所示。

在 通道(C): 下拉列表中可选择要调整色调的通道。

改变对话框中曲线框中的线条形状就可以调整图像的亮度、对比度和色彩平衡等。曲线框中的横坐标表示原图像的色调，对应值显示在 输入(I): 输入框中；纵坐标表示新图像的色调，对应值显示在 输出(O): 输入框中，数值范围在 0～255 之间。调整曲线形状有两种方法：

（1）使用曲线工具 ～ 调整。在 曲线 对话框中单击"曲线工具"按钮 ～，将鼠标指针移至曲线框中，当指针变成 ✛ 形状时，单击一下可以产生一个节点。该节点的输入与输出值显示在 输入(I): 与 输出(O): 输入框中。用鼠标拖动节点改变曲线形状，如图 5.2.6 所示。曲线向左上角弯曲，色调变亮；曲线向右下角弯曲，色调变暗。

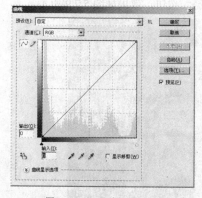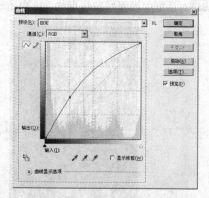

图 5.2.5　"曲线"对话框　　　　　图 5.2.6　使用曲线工具改变曲线形状

（2）使用铅笔工具 ✎ 调整。在 曲线 对话框中单击"铅笔工具"按钮 ✎，在曲线框内移动鼠标指针就可以绘制曲线，如图 5.2.7 所示。使用铅笔工具绘制曲线时，对话框中的 平滑(M) 按钮将显示为可用状态，单击此按钮，可改变铅笔工具绘制的曲线的平滑度。

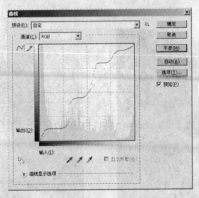

图 5.2.7　使用铅笔工具改变曲线形状

在 **曲线** 对话框中的曲线框左侧与下方各有一个亮度杆，单击它可以切换成以百分比为单位显示输入与输出的坐标值，如图 5.2.8 所示。在切换数值显示方式的同时，将改变亮度的变化方向。默认状态下，亮度杆代表的颜色是从黑到白，从左到右输出值逐渐增加，从下到上输入值逐渐增加。当切换为百分比显示时，黑白互换位置，变化方向与原来相反，即曲线越向左上角弯曲，图像色调越暗；曲线越向右下角弯曲，图像色调越亮。

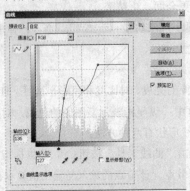
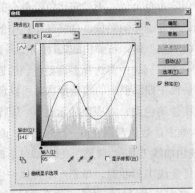

图 5.2.8　两种不同的坐标

在 **曲线** 对话框中设置好曲线形状后，单击 确定 按钮，效果如图 5.2.9 所示。

图 5.2.9　使用曲线命令调整图像前后效果对比

注意 如果一个节点还不能满足需求，可以在曲线上添加多个调节点来综合调整图像的效果，但是调节节点的数量最多只能增加到 14 个。

5.2.4 色彩平衡命令

利用色彩平衡命令可以调整图像整体的色彩平衡，但此命令不能精确控制单个颜色成分（单色通道），只能作用于复合颜色通道。下面通过一个例子介绍色彩平衡命令的使用方法，具体的操作步骤如下：

（1）打开一幅图像，选择 图像(I) → 调整(A) → 色彩平衡(B)... 命令，弹出"色彩平衡"对话框，如图 5.2.10 所示。

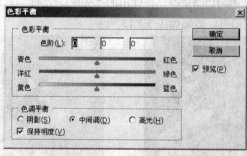

图 5.2.10 "色彩平衡"对话框

（2）在 色彩平衡 选项区中可以调整整个图像的色彩平衡效果。可以在 色阶(L): 文本框中输入数值来设置，也可拖移该文本框下对应的滑块来实现。

（3）在 色彩平衡 选项区中选择想要重新进行更改的色调范围，其中包括 阴影(S) 、 中间调(D) 与 高光(H) 3 个单选按钮。

（4）选中 保持明度(V) 复选框，在调整时，可以保持图像亮度不变。在一般情况下，调整 RGB 色彩模式的图像时，为了保持图像的亮度值，都要选中此复选框。

（5）设置完各项参数后，单击 确定 按钮即可，效果如图 5.2.11 所示。

图 5.2.11 应用色彩平衡命令前后效果对比

5.2.5 亮度/对比度命令

利用亮度/对比度命令可以调整图像的亮度和对比度，该命令只能对图像进行整体调整，不能对单个的通道进行调整。选择 图像(I) → 调整(A) → 亮度/对比度(C)... 命令，弹出"亮度/对比度"对话框，如图 5.2.12 所示。

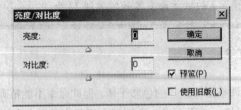

图 5.2.12 "亮度/对比度"对话框

在 亮度: 文本框中输入数值，可调整图像的亮度。

在 对比度: 文本框中输入数值，可调整图像的对比度。

打开一幅图像，选择 亮度/对比度 命令，在弹出的"亮度/对比度"对话框中对图像的对比度进行调整，单击 确定 按钮即可，效果如图 5.2.13 所示。

图 5.2.13 应用亮度/对比度命令前后效果对比

5.3 调整图像色彩

图像的色彩调整是指对图像的偏色、色彩过饱和或饱和度不够等现象进行的调整。色彩调整命令主要包括曝光度、色相/饱和度、去色、可选颜色、暗调/高光以及渐变映射等，下面分别介绍这些命令的使用方法。

5.3.1 曝光度命令

利用曝光度命令可以调整图像的色调，该命令也可以用于 8 位和 16 位图像。选择菜单栏中的 图像(I) → 调整(A) → 曝光度(E)... 命令，弹出"曝光度"对话框，如图 5.3.1 所示。

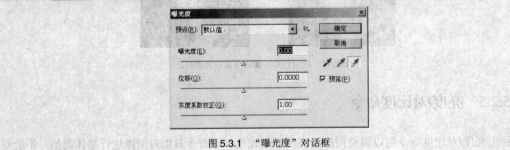

图 5.3.1 "曝光度"对话框

在 曝光度(E)：文本框中输入数值，可以调整色调范围的高光端，此选项对极限阴影的影响很小。

在 位移(O)：文本框中输入数值，可以使图像中阴影和中间调变暗，此选项对高光的影响很小。

在 灰度系数校正(G)：文本框中输入数值，可以使用简单的乘方函数调整图像灰度系数。

该组按钮可用于调整图像的亮度值。从左至右分别为"设置黑场"吸管工具、"设置灰场"吸管工具和"设置白场"吸管工具。

打开一幅图像，选择 曝光度(E)... 命令，在弹出的"曝光度"对话框中对图像进行调整，调整完毕后单击 确定 按钮即可，效果如图 5.3.2 所示。

图 5.3.2　应用曝光度命令前后效果对比

5.3.2　色相/饱和度命令

利用色相/饱和度命令可以调整图像中单个颜色成分的色相、饱和度和亮度。选择 图像(I) → 调整(A) → 色相/饱和度(H)... 命令，弹出"色相/饱和度"对话框，如图 5.3.3 所示。

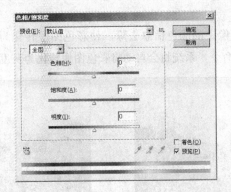

图 5.3.3　"色相/饱和度"对话框

预设(E)：用于设定所要调整的颜色范围，可以对全图的颜色进行调整，也可以对个别颜色进行调整。

色相(H)：拖动其对应的滑块或在文本框中输入数值可更改图像的色相。

饱和度(A)：拖动其对应滑块或在文本框中输入数值都可更改图像的饱和度。

明度(I)：拖动其对应滑块或在文本框中输入数值可更改图像的明度。

选中 ☑ 着色(O) 复选框，可以为灰度图像整体添加一种单一的颜色。

完成设置后，单击 确定 按钮可以按指定的数值来调整图像的颜色。

例如，打开一幅要进行调整的图像，如图 5.3.4 所示，在 编辑(E) 下拉列表中选择"全图"选项，将色相值设置为－40，饱和度和明度的值保持默认值 0，得到如图 5.3.5 所示的色度对比效果；将饱和度设置为 100，色相和明度保持默认值 0，得到如图 5.3.6 所示的饱和度对比效果；将明度设置为－50，色相和饱和度保持默认值 0，得到如图 5.3.7 所示的明度对比效果。

图 5.3.4　打开的图像

图 5.3.5　色度对比效果

图 5.3.6　饱和度对比效果

图 5.3.7　明度对比效果

5.3.3　去色命令

利用去色命令可以将图像中的颜色信息去除，使彩色图像转化为灰度图像。选择菜单栏中的 图像(I) → 调整(A) → 去色(U) 命令，系统将会自动将彩色图像转化为灰度图像，效果如图 5.3.8 所示。

图 5.3.8　应用去色命令前后效果对比

5.3.4　可选颜色命令

利用可选颜色命令可以选择某种颜色范围进行有针对性的调整，在不影响其他原色的情况下调整图像中某种原色的数量。此命令主要利用 CMYK 颜色来对图像的颜色进行调整。选择菜单栏中的 图像(I) → 调整(A) → 可选颜色(S)... 命令，弹出"可选颜色"对话框，如图 5.3.9 所示。

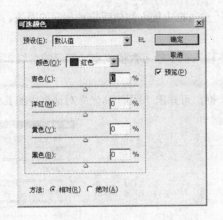

图 5.3.9　"可选颜色"对话框

可选颜色校正是高端扫描仪和分色程序使用的一种技术,用于在图像中的每个主要原色成分中更改印刷色数量。用户可以有选择地修改任何主要颜色中的印刷色数量而不会影响其他主要颜色,该命令使用 CMYK 颜色来校正图像。

"可选颜色"对话框中各选项含义如下:

(1)颜色(O)：该选项区用于设置要调整的颜色,单击其右侧的下拉按钮，弹出颜色下拉列表,其中包括红色、黄色、绿色、青色、蓝色、洋红、白色、中性色和黑色。

(2)分别在青色(C)、洋红(M)、黄色(Y)和黑色(B)右侧的文本框中输入数值或拖动其下方的滑块,可以增加或减少所选颜色中的像素。

(3)方法：该选项用于设置图像中颜色的调整是相对于原图像调整,还是使用调整后的颜色覆盖原图。

1)选中 相对(R) 单选按钮表示按照总量的百分比更换现有的青色、洋红、黄色或黑色的量。

2)选中 绝对(A) 单选按钮表示采用绝对值调整颜色。

设置完成后,单击 确定 按钮,效果如图 5.3.10 所示。

图 5.3.10　应用可选颜色命令前后效果对比

5.3.5　阴影/高光命令

利用阴影/高光命令不仅可以简单地将图像变亮或变暗,还可以通过运算对图像的局部进行明暗处理。选择菜单栏中的 图像(I) → 调整(A) → 阴影/高光(W)... 命令,弹出"阴影/高光"对话框,如图 5.3.11 所示。

在 阴影 选项区中的 数量(A): 输入框中输入数值或拖动相应的滑块，可设置暗部数量的百分比，数值越大，图像越亮。

在 高光 选项区中的 数量(U): 输入框中输入数值或拖动相应的滑块，可设置高光数量的百分比，数值越大，图像越暗。

选中 ☑ 显示更多选项(O) 复选框，可弹出"阴影/高光"对话框中的其他选项，如图 5.3.12 所示。

图 5.3.11 "阴影/高光"对话框   图 5.3.12 扩展后的"阴影/高光"对话框

在 色调宽度(N): 输入框中输入数值，可设置阴影或高光中色调的修改范围。

在 半径(D): 输入框中输入数值，可设置每个像素周围的局部相邻像素的大小。

打开一幅图像，选择 阴影/高光(W)... 命令，在弹出的"阴影/高光"对话框中对各选项进行设置，设置完毕后单击 确定 按钮即可，效果如图 5.3.13 所示。

图 5.3.13 应用阴影/高光命令前后效果对比

5.3.6 渐变映射命令

利用渐变映射命令可将图像颜色调整为选定的渐变颜色。选择菜单栏中的 图像(I) → 调整(A) → 渐变映射(G)... 命令，弹出"渐变映射"对话框，如图 5.3.14 所示。

在 灰度映射所用的渐变 下拉列表中提供了多种预设的渐变样式。单击右侧的下拉按钮，可弹出渐变色预设面板，如图 5.3.15 所示，从中可以选择预设的渐变颜色；如果单击 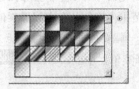 下拉列表框，可弹出 渐变编辑器 对话框，可以对渐变色进行编辑。

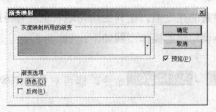

图 5.3.14 "渐变映射"对话框   图 5.3.15 渐变色预设面板

在 渐变选项 选项区中选中 ☑仿色(D) 复选框，可为渐变后的图像增加仿色；选中 ☑反向(R) 复选框，可将渐变后的图像颜色反转。

设置好参数后，单击 确定 按钮，图像效果如图 5.3.16 所示。

图 5.3.16 应用渐变映射命令前后效果对比

5.4 特殊色调调整

特殊色调调整命令常用于增强图像的颜色，使图像产生特殊效果。特殊色调调整命令主要包括反相、色调均化、阈值和色调分离等。

5.4.1 反相命令

使用反相命令可以将图像的色彩反转，以原图像的补色显示，而且不会丢失图像的颜色信息，再次使用该命令时可还原图像。当使用 图像(I) → 调整(A) → 反相(I) 命令调整图像色调时，系统不弹出任何对话框，只是按照默认值来调整图像，效果如图 5.4.1 所示。

图 5.4.1 应用反相命令前后效果对比

5.4.2 色调均化命令

利用色调均化命令可以重新分布图像中像素的亮度值，使其更均匀地表现所有范围的亮度级别，即在整个灰度范围内均匀分布中间像素值。色调均化的操作步骤如下：

（1）打开一幅要处理的图像。

（2）选择菜单栏中的 图像(I) → 调整(A) → 色调均化(Q) 命令，即可对整体图像进行色调均化处理。

（3）如果要对图像的某一部分进行处理，可先创建某区域的选区，然后选择菜单栏中的 图像(I) → 调整(A) → 色调均化(Q)... 命令，弹出 色调均化 对话框，如图 5.4.2 所示。

图 5.4.2 "色调均化"对话框

1）选中 ⊙ 仅色调均化所选区域(S) 单选按钮，对图像进行处理时，仅对选区内的图像起作用。

2）选中 ⊙ 基于所选区域色调均化整个图像(E) 单选按钮，将以选区内图像的最亮和最暗像素为基准使整幅图像色调平均化。

（4）单击 确定 按钮，即可对选区中的图像进行色调均化处理，如图 5.4.3 所示。

图 5.4.3 应用色调均化命令前后效果对比

5.4.3 阈值命令

利用阈值命令可以将一个灰度或彩色图像转换为高对比度的黑白图像。此命令可以将一定的色阶指定为阈值，所有比该阈值亮的像素被转换为白色，所有比该阈值暗的像素被转换为黑色。应用阈值命令的操作步骤如下：

（1）打开一幅灰度或彩色图像。

（2）选择菜单栏中的 图像(I) → 调整(A) → 阈值(T)... 命令，弹出 阈值 对话框，如图 5.4.4 所示。

（3）在 阈值色阶(I): 输入框中输入数值，可改变阈值色阶的大小，其范围在 1～255 之间。输入的数值越大，黑色像素分布越广；输入的数值越小，白色像素分布越广。

（4）设置好参数后，单击 确定 按钮，应用阈值命令前后效果对比如图 5.4.5 所示。

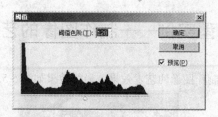

图 5.4.4 "阈值"对话框

图 5.4.5 应用阈值命令前后效果对比

5.4.4 色调分离命令

利用色调分离命令可指定图像每个通道的亮度值,并将指定亮度的像素映射为最接近的匹配色调。此命令的功能与阈值命令类似,阈值命令在任何情况下都只考虑两种色调,而色调分离命令的色调可以指定 2～255 之间的任何一个值。如果要使用自己指定的颜色数,则先将该图像转换为灰度图像,然后指定色阶数,用指定的颜色替换灰色色调即可。

选择菜单栏中的 图像(I) → 调整(A) → 色调分离(P)... 命令,弹出 色调分离 对话框,如图 5.4.6 所示。

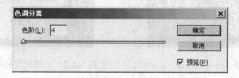

图 5.4.6 "色调分离"对话框

色阶(L):可控制图像色调分离的程度。输入的数值越小,图像色调分离程度越明显;输入的数值越大,色调变化得越轻微。

设置好参数后,单击 确定 按钮,效果如图 5.4.7 所示。

图 5.4.7 应用色调分离命令前后效果对比

5.5 典型实例——制作图像的艺术效果

本例使用本章所学的内容制作图像的艺术效果，最终效果如图 5.5.1 所示。

图 5.5.1 最终效果图

创作步骤

（1）打开一幅图像，如图 5.5.2 所示。

（2）单击工具箱中的"矩形选框工具"按钮 ，在图像中创建选区，并将选区羽化 20 像素。

（3）选择菜单栏中的 图像(I) → 调整(A) → 反相(I) 命令，将羽化选区内的图像反相处理，效果如图 5.5.3 所示。

图 5.5.2 打开的图像　　　　　　图 5.5.3 反相处理羽化选区内的图像

（4）按"Ctrl+D"键取消选区，再使用矩形选框在图像中绘制选区，并进行羽化，然后选择菜单栏中的 图像(I) → 调整(A) → 阈值(T)... 命令，弹出 阈值 对话框，设置 阈值色阶(T): 为 128，单击 确定 按钮，效果如图 5.5.4 所示。

（5）按"Ctrl+D"键取消选区，使用椭圆选框工具在图像中绘制选区，并将其羽化 20 像素，如图 5.5.5 所示。

图 5.5.4 调整阈值后的效果　　　　　　图 5.5.5 绘制选区并羽化

（6）选择菜单栏中的 图像(I) → 调整(A) → 色调均化(Q)　色调均化(E)... 命令，可弹出 色调均化 对话框，选中 ⊙ 仅色均化所选区域(S) 单选按钮，单击 确定 按钮，取消选区，图像效果如图 5.5.1 所示。

小　结

通过本章的学习，读者应该了解 Photoshop 中图像颜色的调配方法，并学会调整图像的色相、饱和度、对比度和亮度，进而运用多种命令制作出各种图像效果。

过关练习五

一、填空题

1. 色彩一般分为_____和_____两大类。

2. 曲线与_____相同，也可以用来调整图像的色调范围。

3. _____命令通过显示替代物的缩览图来综合调整图像的色彩平衡、对比度和饱和度。

4. 使用_____命令可将彩色图像转换为灰度图像，但图像的颜色模式保持不变。

5. 要将灰度图像或彩色图像转换为高对比度的黑白图像，可使用_____命令。

6. _____、_____和_____在色彩学上简称为色彩的三要素。

7. _____模式是一种印刷模式，也是一种多通道模式。

8. 要将灰度图像或彩色图像转换为高对比度的黑白图像，可使用_____命令。

9. _____模式的图像共有 256 个等级，看起来类似传统的黑白照片，除黑、白两色之外，还有 254 种深浅不同的灰色，计算机中必须以 8 位二进制数来显示这 256 种色调。

二、选择题

1. 利用（　）命令可调整图像的整体色彩平衡，使图像颜色看起来更加自然。

   A. 自动色阶　　　　　　　　　　　B. 色相/饱和度

   C. 色彩平衡　　　　　　　　　　　D. 色阶

2. 利用（　）命令可以去掉彩色图像中的所有颜色值，将其转换为相同色彩模式的灰度图像。

   A. 去色　　　　　　　　　　　　　B. 可选颜色

   C. 反相　　　　　　　　　　　　　D. 曝光度

3. 利用（　）命令可以将图像的色彩反转，以原图像的补色显示，而且不会丢失图像的颜色信息。

   A. 阈值　　　　　　　　　　　　　B. 色调均化

   C. 色调分离　　　　　　　　　　　D. 反相

4. 利用（　）命令可将一个灰度或彩色的图像转换为高对比度的黑白图像。

   A. 色调均化　　　　　　　　　　　B. 阈值

   C. 色调分离　　　　　　　　　　　D. 色阶

三、简答题

在 Photoshop 中，常用的色彩模式有哪些？

四、上机操作题

1. 打开一幅彩色图像，练习将其转换为黑白图像，且不改变色彩模式。
2. 打开一个图像文件，使用各种色彩调整命令对其进行调整。

第6章 图层的应用

图层是 Photoshop CS4 中非常重要的部分，利用图层可以创造出许多特殊效果，结合图层样式、图层不透明度以及图层混合模式，才能真正发挥 Photoshop 强大的图像处理功能。本章将主要介绍图层的功能与使用技巧。

本章重点

（1）图层的概念
（2）图层的基本操作
（3）图层模式
（4）图层样式
（5）图层蒙版的使用

6.1 图层的概念

图层是将一幅图像分为几个独立的部分，每一部分放在独立的层上。在合并图层之前，图像中每个图层都是相互独立的，可以对其中某一个图层中的元素进行绘制、编辑以及粘贴等操作，而不会影响到其他图层。此外，Photoshop CS4 的图层混合模式和不透明度功能可以将两层图像混合在一起，从而得到许多特殊效果。

6.1.1 图层的原理

Photoshop CS4 中的图层与实际绘画中所用到的图层相似，也是将图像的各个部分放在不同的图层上（图层中没有图像的区域则是完全透明的，而有图像的区域则是不透明的），然后将这些图层叠放在一起，形成一幅完整的图像，如图 6.1.1 所示。

图 6.1.1 Photoshop CS4 中的图层

Photoshop CS4 中的图层与实际绘画的图层不同的是，Photoshop CS4 中的图层可以设置图层不透明度与色彩混合模式，并且可为其添加许多特殊的效果。因此，Photoshop CS4 中的图层功能更加强大，处理图像更方便。

6.1.2　图层的类型

Photoshop CS4 中可以创建多种类型的图层，即普通图层、背景图层、文本图层和调节图层。每种类型的图层都有不同的功能和用途，其含义分别如下：

（1）普通图层：在普通图层中可以设置图层的混合模式、不透明度，还可以对图层进行顺序调整、复制、删除等操作。

（2）背景图层：在 Photoshop CS4 中新建一个图像，此时， 面板中只显示一个被锁定的图层，该图层即为背景图层。背景图层是一种不透明的图层，作为图像的背景，该图层不能进行混合模式与不透明度的设置。背景图层显示在 图层 面板的最底层，无法移动背景图层的叠放次序，也不能对其进行锁定操作。但可以将背景图层转换为普通图层，然后就可像普通图层那样进行操作。具体的转换方法如下：

1）在 图层 面板中双击背景图层，或选择菜单栏中的 图层(L) → 新建(N) → 背景图层(B)... 命令，弹出 新建图层 对话框，如图 6.1.2 所示。

图 6.1.2　"新建图层"对话框

2）在 名称(N): 输入框中可输入转换为普通图层后的名称，默认为图层 0。也就是说，此时的图层已具有一般普通图层的性质。

3）单击 确定 按钮，即可将背景图层转变为普通图层，如图 6.1.3 所示。

图 6.1.3　转变背景图层为普通图层

在一幅没有背景图层的图像中，也可将指定的普通图层转换为背景图层。在 图层 面板中选中一个普通图层，然后选择菜单栏中的 图层(L) → 新建(N) → 图层背景(B) 命令即可实现图层转换。

（3）文本图层：文本图层就是使用文字工具创建的图层，文本图层可以单独保存在文件中，还可以反复修改与编辑。文本图层的名称默认为当前输入的文本，以便于区分。

Photoshop 中的大多数功能都不能应用于文本图层，如画笔、橡皮擦、渐变、涂抹工具以及所有的滤镜、填充命令、描边命令等。

如果要在文本图层上使用这些功能，可先将文本图层转换为普通图层。选中文本图层，然后选择菜单栏中的 图层(L) → 栅格化(Z) → 文字(T) 命令，就可以将文本图层转换为普通图层。

（4）调节图层：调节图层是一种比较特殊的图层，它就是在图层上添加一个图层蒙版。通常新建一个调节图层，在 图层 面板中的图层蒙版缩览图显示为白色，表示整个图像都没有被蒙版覆盖，也就是说调节图层可以对在其下方的图层进行效果调整。如果用黑色填充蒙版的某个范围，则在蒙版缩览图上会相应地产生一块黑色的区域，即这个区域已经被蒙版覆盖。

6.1.3　图层面板

一般在默认状态下，图层面板处于显示状态，它是管理和操作图层的主要场所，可以进行图层的各种操作，如创建、删除、复制、移动、链接、合并等。如果用户在窗口中看不到图层面板，可以选择 窗口(W) → 图层 命令，或按"F7"键，打开图层面板，如图 6.1.4 所示。

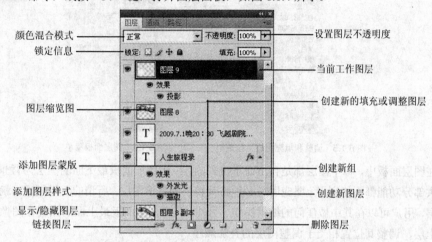

图 6.1.4　图层面板

下面主要介绍图层面板的各个组成部分及其功能。

正常 ：用于选择当前图层与其他图层的混合效果。

不透明度：：用于设置图层的不透明度。

：表示图层的透明区域是否能编辑。选择该按钮后，图层的透明区域被锁定，不能对图层进行任何编辑，反之可以进行编辑。

：表示锁定图层编辑和透明区域。选择该按钮后，当前图层被锁定，不能对图层进行任何编辑，只能对图层上的图像进行移动操作，反之可以编辑。

：表示锁定图层移动功能。选择该按钮后，当前图层不能移动，但可以对图像进行编辑，反之可以移动。

：表示锁定图层及其副本的所有编辑操作。选择该按钮后，不能对图层进行任何编辑，反之可以编辑。

：用于显示或隐藏图层。当该图标在图层左侧显示时，表示当前图层可见，图标不显示时表示当前图层隐藏。

：表示该图层与当前图层为链接图层，可以一起进行编辑。

：位于图层面板下面，单击该按钮，可以在弹出的菜单中选择图层效果。

：单击该按钮，可以给当前图层添加图层蒙版。

：单击该按钮，可以添加新的图层组。

：单击该按钮，可在弹出的下拉菜单中选择要进行添加的调整或填充图层内容命令，如图

6.1.5 所示。

: 单击该按钮，在当前图层上方创建一个新图层。

: 单击该按钮，可删除当前图层。

单击右上角的 按钮，可弹出如图 6.1.6 所示的图层面板菜单，该菜单中的大部分选项功能与图层面板功能相同。

图 6.1.5 调整和填充图层下拉菜单　　　　图 6.1.6 图层面板菜单

在图层面板中，每个图层都是自上而下排列的，位于图层面板最下面的图层为背景层。图层面板中的大部分功能都不能应用，要应用时必须将其转换为普通图层。所谓的普通图层，就是常用到的新建图层，用户可以在其中做任何的编辑操作。另外，位于图层面板最上面的图层在图像窗口中也是位于最上层，调整其位置相当于调整图层的叠加顺序。

6.2 图层的基本操作

在 Photoshop CS4 中，图层的基本操作包括选择图层与调整图层顺序、复制图层显示和隐藏图层等，只有掌握了图层的这些编辑操作，才能设计出理想的作品。

6.2.1 选择图层与调整图层顺序

在 图层 面板中单击任意一个图层，即可将其选择，被选择的图层为当前图层，如图 6.2.1 所示。选择一个图层后，按住 "Ctrl" 键单击其他图层，可同时选择多个图层，如图 6.2.2 所示。

图 6.2.1 选择一个图层　　　　图 6.2.2 选择多个图层

在 图层 面板中拖动图层可以调整图层的顺序，例如要将图 6.2.1 中的图层 1 拖至图层 12 的上方，可先选择图层 1，然后按住鼠标左键拖动，至图层 12 上方时松开鼠标即可，图 6.2.3 所示的是调整图层顺序的过程。

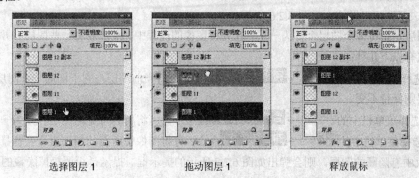

选择图层 1　　　　拖动图层 1　　　　释放鼠标

图 6.2.3　调整图层的顺序

6.2.2　复制图层

复制图层的方法有以下 2 种：

（1）在 图层 面板中直接将所选图层拖至下方的"创建新图层"按钮 上，即可创建一个图层副本。

（2）选中要复制的图层，在 图层 面板右上角单击按钮 ，从弹出的下拉菜单中选择 复制图层(D) 命令，弹出 复制图层 对话框，如图 6.2.4 所示，单击 确定 按钮，就会在 图层 面板中显示复制的图层副本，如图 6.2.5 所示。

图 6.2.4　"复制图层"对话框

图 6.2.5　复制图层

6.2.3　显示和隐藏图层

显示和隐藏图层在设计作品时经常会用到，比如，在处理一些大而复杂的图像时，可将某些不用的图层暂时隐藏，不但可以方便操作，还可以节省计算机系统资源。

要想隐藏图层，只须在 图层 面板中的图层列表前面单击 图标即可，此时眼睛图标消失，再次单击该位置可重新显示该图层，并出现眼睛图标。

6.2.4　链接与合并图层

在 Photoshop CS4 中可以链接两个或更多个图层或组。链接图层与同时选定的多个图层不同，链接的图层将保持关联，可以移动、变换链接的图层，还可以为其创建剪贴蒙版。

要链接图层，只须按住"Shift"键选择要链接的多个图层，然后选择菜单栏中的 图层(L) → 链接图层(K) 命令，或单击 图层 面板底部的按钮 ，即可在 图层 面板中看到所选图层后面显示为图标 ，表示图层已链接，如图 6.2.6 所示。

合并图层是指将多个图层合并为一层。在处理图像的过程中，经常要将一些图层合并起来。合并图层的方式有以下几种：

（1）选择菜单栏中的 图层(L) → 向下合并(E) 命令，可将当前图层与它下面的一个图层进行合并，而其他图层则保持不变。

（2）选择菜单栏中的 图层(L) → 合并可见图层(V) 命令，可将所有可见的图层合并为一个图层。

（3）选择菜单栏中的 图层(L) → 拼合图像(F) 命令，可将图像中所有的图层拼合到背景图层中。如果 图层 面板中有隐藏的图层，则会弹出如图 6.2.7 所示的提示框。提示是否要扔掉隐藏的图层，单击 确定 按钮，可扔掉隐藏的图层。

图 6.2.6　链接图层

图 6.2.7　提示框

6.2.5　图层组的使用

图层组是指多个图层的组合，在 Photoshop CS4 中可以将相关的图层加入到一个指定的图层组中，以方便操作和管理。

图层分组编辑的作用如下：

（1）可以同时对多个相关的图层做相同的操作。例如，移动一个图层组时，组中的所有图层都会做相同的移动。

（2）对图层组设置混合模式，可以改变整个图像的混合效果。

（3）可以将图层归类，使对图层的管理更加有序，并可通过折叠图层组节约 图层 面板的空间。

1. 创建图层组

为了提高工作效率，可以将图层编组，其方法很简单，只须在 图层 面板右上角单击按钮 ，在弹出的下拉菜单中选择 从图层新建组(A)... 命令，弹出 从图层新建组 对话框，如图 6.2.8 所示，单击 确定 按钮，即可在 图层 面板中创建"组 1"，如图 6.2.9 所示。然后将要编成组的图层拖至图层组的"组 1"上，该图层将会自动位于图层组的下方，继续拖动要编成组的图层至"组 1"上，即可将多个图层编成组。

在 图层 面板底部单击"创建新组"按钮 ，可直接在当前图层的上方创建一个图层组。

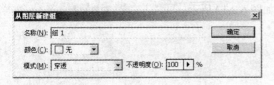

图 6.2.8　"从图层新建组"对话框

图 6.2.9　创建图层组

2．由链接图层创建图层组

对于已经建立了链接的若干个图层，可以快速地将它们创建为一个新的图层组。具体的操作方法如下：

（1）在 图层 面板中选中要创建为图层组的链接图层中的任意一个，再选择菜单栏中的 图层(L) → 选择链接图层(S) 命令，可选中所有链接图层。

（2）选择菜单栏中的 图层(L) → 新建(N) → 从图层新建组(A)... 命令，弹出 从图层新建组 对话框。

（3）在 名称(N): 输入框中输入图层组的名称，单击 确定 按钮，即可创建一个新的图层组，该图层组中包括了所有链接图层。

3．删除图层组

对于不需要的图层组，可以将其删除。具体的操作方法如下：

（1）在 图层 面板中选择要删除的图层组，单击面板底部的"删除图层"按钮 🗑，可弹出如图 6.2.10 所示的提示框。

图 6.2.10　提示框

（2）单击 组和内容(G) 按钮可将图层组和其中包括的所有图层从图像中删除；单击 仅组(O) 按钮可将图层组删除，但将其中包括的所有图层退出到组外。

6.2.6　调整和填充图层

在 Photoshop CS4 中提供了两种特殊的图层，即调整图层和填充图层。使用这两种特殊图层，可以更方便地制作出许多图像特效。

1．调整图层

调整图层是一种用于调整图像的色彩和色调的特殊图层，其中只包含一些色彩和色调信息，不包含任何图像。通过对调整图层的编辑，可以在不改变下一图层图像的前提下任意调整图像的色彩与色调。

创建调整图层的具体操作方法如下：

（1）在 Photoshop CS4 中打开一个图像文件，选择菜单栏中的 图层(L) → 新建调整图层 (J) 命令，弹出其子菜单，如图 6.2.11 所示。

（2）在该子菜单中选择相应的命令可以对当前新建图层的色调或色彩进行调整。这里选择 色阶(L)... 命令，可弹出 新建图层 对话框，如图 6.2.12 所示。

图 6.2.11 "新建调整图层"命令的子菜单   图 6.2.12 "新建图层"对话框

（3）在对话框中设置各项参数，单击 确定 按钮，可弹出调整面板，在该面板中设置好各项参数，如图 6.2.13 所示。

（4）单击 确定 按钮，就会在 图层 面板中建立一个调整图层，如图 6.2.14 所示。

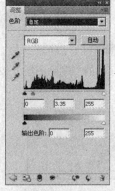

图 6.2.13 调整面板   图 6.2.14 新建的调整图层

创建的调整图层会出现在当前图层之上，且以当前色彩或色调调整的命令来命名。在调整图层左侧显示相关的色调或色彩调整缩览图；右侧显示图层蒙版缩览图；中间有一个链接符号。当出现链接符号时，表示色调或色彩调整将只对蒙版中所指定的图层区域起作用。如果没有链接符号，则表示这个调整图层将对整个图像起作用。新建调整图层之前和之后的图像对比如图 6.2.15 所示。

图 6.2.15 新建调整图层之前和之后的图像对比

2．填充图层

　　填充图层是一种由纯色、渐变效果或图案填充的图层。将填充图层与其他图层一起使用，可以创作出一些特殊的效果。例如，在图像的最上层加上一个渐变填充层，可以使图像呈现一种由明到暗的过渡效果。

　　要创建填充图层，其具体的操作方法如下：

　　（1）选择要创建填充图层的新图层。

　　（2）选择菜单栏中的 图层(L) → 新建填充图层(W) 命令，弹出其子菜单，在此菜单中提供了 3 种填充图层的命令，即纯色、渐变、图案，例如选择 渐变(G)... 命令，可弹出 渐变填充 对话框，在其中可以设置渐变的颜色、样式以及角度等。

　　（3）设置完成后，单击 确定 按钮，即可根据所设置的渐变创建一个填充图层，如图 6.2.16 所示。

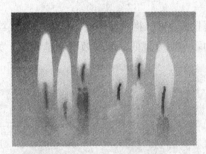

图 6.2.16　填充图层

　　从 图层 面板中可以看出，在新建的填充图层中显示着一个图层蒙版与链接符号。选中图层蒙版进行编辑时，则只对图层蒙版起作用，而不影响图像内容。当有链接符号时，可以同时移动图层中的图像与图层蒙版；如果没有链接符号，则只能移动其一。单击链接符号，可以显示或隐藏此链接符号。

　　在 图层 面板中双击调整图层或填充图层的缩览图，可以打开相应的填充选项对话框或调整选项对话框，然后可在对话框中修改填充或色彩。例如，在 图层 面板中双击色阶调整图层的缩览图，可弹出 色阶 对话框，然后可在对话框中修改色阶选项。

6.3　图　层　模　式

　　在 Photoshop CS4 中可以指定每一个图层与其下层图像的混合模式，也可以在绘图或进行其他编辑操作时，指定绘制的图像按何种模式与原有图像进行混合。下面介绍几种主要的混合模式。

6.3.1　正常模式

　　正常模式是图层的默认模式，也是最常用的使用方式。在该模式下，图像的覆盖程度与不透明度有关，当不透明度为 100% 时，该模式将正常显示当前图层中的图像，上面图层的图像可以完全覆盖下面图层的图像；当不透明度小于 100%时，图像中的颜色就会受到下面各层图像的影响，不透明度的值越小，图像越透明，如图 6.3.1 所示。

不透明度为 50% 　　　　　　　不透明度为 100%

图 6.3.1　正常模式

6.3.2　溶解模式

使用溶解模式，可以将当前图层中的图像以颗粒状的方式作用到下层，产生两层图像互相溶解的效果。图层的不透明度越低，溶解效果就越明显，如图 6.3.2 所示。

不透明度为 70% 　　　　　　　不透明度为 100%

图 6.3.2　溶解模式

6.3.3　对比模式

对比模式综合了加深模式和减淡模式的特点，在对比模式中，50%的灰色会完全消失，任何亮于50%灰色的区域都可能加亮下面的图像，而暗于 50%灰色的区域都可能使底层图像变暗。主要有以下3 种模式：

1．叠加

叠加模式与正片叠底模式相反，叠加模式合成图层的效果是显现两图层中较高的灰阶，较低的灰阶则不显现，产生一种漂白的效果。

2．强光

使用强光模式所产生的效果如同给图像打上一层色调强烈的光，所以称之为强光。如果两层中颜色的灰阶是偏向低灰阶，作用与正片叠底类似；而当偏向高灰阶时，则与屏幕类似。

3．线性光

线性光模式可以使图像产生更高的对比度，令更多的区域变为黑色或白色。

6.3.4　变暗模式

变暗模式可按照像素对比底色和绘图色，选择较暗的颜色作为此像素最终的颜色，比底色亮的颜色被替换，比底色暗的颜色保持不变。

在其下拉列表中有 5 种色彩混合后变暗的模式，分别为变暗、正片叠底、颜色加深、线性加深和深色。这 5 种模式变暗的程度各不相同。

1．变暗

使用变暗模式可以将上下两个图层像素颜色的 RGB 值（即 RGB 通道中的颜色亮度值）进行比较，取较低的值再组合成为混合后的颜色。因此，总的颜色灰度级会降低，产生变暗的效果。

2．正片叠底

正片叠底模式就是将两个图层的色彩叠加在一起，从而生成叠底效果。

3．颜色加深

颜色加深模式可以增加图像的对比度，使图层的颜色加深。

4．线性加深

线性加深模式可以通过降低图像的亮度使图层的颜色加深。

5．深色

此模式可以用基色替换两图层中混合色较亮的区域。

6.3.5　变亮模式

变亮模式与变暗模式相反。在其下拉列表中提供了 5 种色彩混合后变亮的模式，分别为变亮、滤色、颜色减淡、线性减淡和浅色，使用这些模式可实现不同程度的变亮效果。

1．变亮

变亮模式是将两个图层中图像颜色的 RGB 值进行比较后，取较高值成为混合后的颜色，因而总的颜色灰度级会升高，产生变亮的效果。用黑色合成图像时无作用，用白色时则仍为白色。

2．滤色

滤色模式可以使图像产生漂白的效果，它与正片叠底模式的效果相反。

3．颜色减淡

颜色减淡模式可加亮底层的图像，使颜色变得更加饱和。

4．线性减淡

线性减淡模式可以通过增加图像的亮度使图层的颜色变淡。此模式与线性加深模式得到的效果相反。

5．浅色

此模式可以用基色替换两图层中混合色较暗的区域。

6.4 图 层 样 式

图层样式就是应用于图层的一些修饰效果，图层样式是 Photoshop CS4 中最具魅力的功能，包括投影、阴影、外发光、内发光及斜面和浮雕等，使用这些样式可以得到一些特殊的图像效果，但图层样式不能应用于背景图层与图层组中。

6.4.1 添加图层样式

图层样式的使用方法非常简单，具体的操作步骤如下：

（1）在 图层 面板中选择要添加图层效果的图层。

（2）选择菜单栏中的 图层(L) → 图层样式(Y) 命令，可弹出如图 6.4.1 所示的子菜单，从中选择一种图层效果的命令，例如，选择 描边(K)... 命令，弹出 图层样式 对话框，如图 6.4.2 所示，在此对话框中设置描边效果的参数。

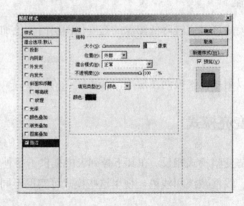

图 6.4.1 图层样式子菜单   图 6.4.2 "图层样式"对话框

（3）设置完成后，单击 确定 按钮，即可得到如图 6.4.3 所示的描边样式效果。

图 6.4.3 描边效果及图层面板

图层效果在制作特效文字与各种形状的按钮效果时非常有用。使用前，必须先建立文字图层或形状图层，然后再为其添加图层效果即可。

提示　给一个图层添加了图层效果后，在 图层 面板中将显示代表图层效果的图标 *fx*。图层效果与一般图层一样具有可以修改的特点，只要双击图层效果图标，就可以弹出 图层样式 对话框，在其中可以重新编辑图层效果。

6.4.2　投影与阴影效果

为文字、按钮、边框加上阴影，就会使其产生立体感。在 Photoshop 中制作阴影效果，只要使用图层效果提供的 投影(D)... 与 内阴影(I)... 命令即可。投影是在图层对象背后产生阴影，从而产生投影的视觉效果；而内阴影则是内投影，即在图层边缘以内区域产生一个图像阴影。这两种图层效果只是产生的图像效果不同，而参数选项是基本一样的，如图 6.4.4 和图 6.4.5 所示。

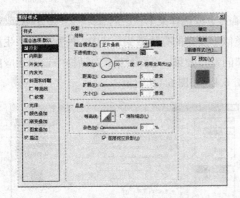

图 6.4.4　"图层样式"对话框中的投影选项

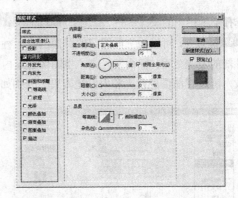

图 6.4.5　"图层样式"对话框中的内阴影选项

对话框中各选项的含义介绍如下：

（1）混合模式(B)：选择阴影的色彩混合模式，在 混合模式(B) 下拉列表右侧有一个颜色框，单击颜色框可以弹出 选择阴影颜色 对话框，从中选择阴影颜色。

（2）不透明度(O)：可以设置阴影的不透明度，数值越大阴影颜色越深。

（3）角度(A)：用于设置光照的角度，即阴影的方向会随着角度的变化而发生相应的变化。

（4）距离(D)：设置阴影距离，其取值范围在 0～30000 之间，值越大阴影距离越远。

（5）在 扩展(R) 文本框中输入数值可确定进行处理前对该效果的模糊程度。

（6）大小(S)：设置模糊的数量或暗调大小，取值范围在 0～250 之间，值越大柔化程度越大。

（7）阻塞(C)：设置内阴影边界的清晰度。

（8）品质：在此选项区中，可以通过设置 等高线 与 杂色(N) 选项来改变阴影质量。

1）在 等高线 选项中可以选择一个已有的轮廓应用于阴影，或者编辑一个轮廓。要选择一个已有的轮廓，可单击 下拉列表框中的下拉按钮，打开等高线面板，如图 6.4.6 所示，从中选择轮廓图案。也可单击 下拉列表框，弹出 等高线编辑器 对话框，在其中编辑一个轮廓。如果选中 消除锯齿(L) 复选框，则可以使轮廓更加平滑。

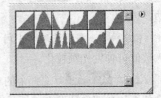

图 6.4.6　等高线面板

2）在 **杂色(N):** 输入框中可设置杂色百分比，可以向投影中添加杂色，如图 6.4.7 所示。

杂点为 0

杂点为 100

图 6.4.7　设置杂点效果

6.4.3　外发光和内发光效果

选择菜单栏中的 **图层(L)** → **图层(L)** → **外发光(O)...** 命令，或选择菜单栏中的 **图层(L)** → **图层样式(Y)** → **内发光(W)...** 命令，可以为当前图层的图像创建一种类似于发光的亮边效果。其中，外发光可产生图像边缘外部的发光效果；而内发光则产生图像边缘内部的发光效果。在 **图层样式** 对话框中设置相应的选项参数，可设置图像外发光和内发光效果，分别如图 6.4.8 和图 6.4.9 所示。

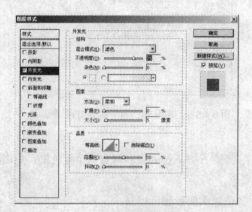
图 6.4.8　"图层样式"对话框中的外发光选项

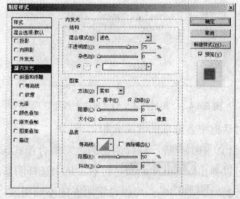
图 6.4.9　"图层样式"对话框中的内发光选项

对话框中各选项的含义介绍如下：

（1）**结构**：在此选项区中可设置混合模式、不透明度、杂色和发光颜色。

（2）**图素**：在此选项区中可设置发光元素的属性，包括 **方法(Q):**、**扩展(P):** 与 **大小(S):**。在 **方法(Q):** 下拉列表中可设置发光方式，选择 **柔和** 选项，可应用模糊技术，它可用于所有类型的边缘，不论是柔边还是硬边；选择 **精确** 选项，可应用距离测量技术创造发光效果，主要用于消除锯齿形状硬边的杂边。

（3）**品质**：在此选项区中可设置等高线、范围、抖动。在使用渐变颜色时，在 **抖动(J):** 输入框中输入数值可使发光颗粒化。

（4）在 **☑内发光** 复选框中的 **源:** 选项中有两个单选按钮，选中 **居中(E)** 单选按钮，可从当前图层图像的中心位置向外发光，如图 6.4.10 所示；选中 **边缘(G)** 单选按钮，可从当前图层图像的边缘向里发光，如图 6.4.11 所示。

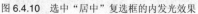

图6.4.10　选中"居中"复选框的内发光效果　　图6.4.11　选中"边缘"复选框的内发光效果

6.4.4　斜面和浮雕效果

通过添加斜面和浮雕效果可以制作出有立体感的图像。选择菜单栏中的 图层(L) → 图层样式(Y) → 斜面和浮雕(B)... 命令，在弹出的 图层样式 对话框中可以设置斜面和浮雕效果，如图6.4.12所示。

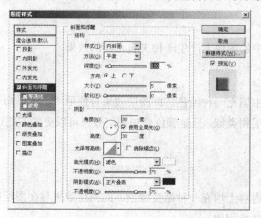

图6.4.12　"图层样式"对话框中的斜面和浮雕选项

对话框中各选项的含义介绍如下：

（1）在 结构 选项区中的 样式(T): 下拉列表中可选择一种图层效果。其中包括 外斜面 、 内斜面 、 浮雕效果 、 枕状浮雕 和 描边浮雕 选项。

　1）外斜面：可以在图层中图像外部边缘产生一种斜面的光照效果。

　2）内斜面：可以在图层中图像内部边缘产生一种斜面的光照效果。

　3）浮雕效果：创建当前图层内容相对它下面图层凸出的效果。

　4）枕状浮雕：创建当前图层中图像的边缘陷入下面图层的效果。

　5）描边浮雕：类似浮雕效果，不过只是对图像边缘产生效果。

（2）在 方法(Q): 下拉列表中可选择一种斜面方式。

（3）也可通过设置斜面的 深度(D)、 大小(Z)、 软化(F): 以及斜面的 方向: 来设置斜面的属性。

（4）在 阴影 选项区中设置阴影的 角度(N)、 高度: 、 光泽等高线: 以及斜面的亮部和暗部的不透明度和混合模式。

（5）如果要为斜面和浮雕效果添加轮廓或纹理，以产生更多效果，则可在对话框右侧选中 ☑等高线 和 ☑纹理 复选框，然后在对话框右侧设置相应的参数。

（6）设置好参数后，单击 确定 按钮，应用斜面和浮雕前后的效果如图6.4.13所示。

图 6.4.13 应用斜面和浮雕前后效果对比

6.4.5 特殊图层效果

以上介绍的各种效果是 Photoshop CS4 中最基本的图层效果，此外，Photoshop CS4 中还提供了一些特殊的图层效果，这些特效的使用方法与基本的图层效果相同，也是通过在"图层样式"对话框中设置相应的选项来实现的。

1. 光泽

光泽样式可以在图层中的图像上产生一种失去光泽的效果。

2. 颜色叠加

颜色叠加可以在图层中填充一种纯色。此图层效果与使用"填充"命令填充前景色的功能相同，与建立一个纯色的填充图层相类似，只是颜色叠加图层效果可以更加方便地填充图层，并可以随意改变已经填充的颜色。

3. 渐变叠加

渐变叠加可以在图层内容上填充一种渐变颜色。此图层效果与在图层中填充渐变色的功能相同，也与创建渐变填充图层的功能相似。

4. 图案叠加

图案叠加可在图层内容上填充一种图案。此图层效果与图案填充、创建图案填充图层功能相似。

6.4.6 编辑图层效果

对制作的图层效果还可以进行各种编辑操作，如删除与隐藏图层效果、复制与粘贴图层效果、分离图层效果、设置图层效果强度以及设置光照角度等。

1. 设置图层效果强度

选择含有图层效果的图层后，再选择菜单栏中的 图层(L) → 图层样式(Y) → 缩放效果(F)... 命令，弹出 缩放图层效果 对话框，如图 6.4.14 所示。

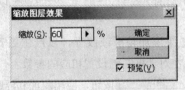

图 6.4.14 "缩放图层效果"对话框

在 缩放(S): 输入框中输入数值，可设置图层效果的强度。取值范围在 0～1 000 之间。

设置好参数后，单击 确定 按钮，调整图层效果强度前后的效果如图 6.4.15 所示。

图 6.4.15　调整强度前后效果对比

2．设置光照角度

选择菜单栏中的 图层(L) → 图层样式(Y) → 全局光(L)… 命令，弹出 全局光 对话框，如图 6.4.16 所示，在此对话框中可以设置光线的角度和高度。

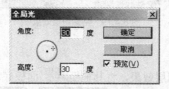

图 6.4.16　"全局光"对话框

3．分离图层效果

在 Photoshop CS4 中为图层添加图层效果后，也可以将其分离。具体的操作方法如下：

选择要分离图层效果的图层，然后选择菜单栏中的 图层(L) → 图层样式(Y) → 创建图层(R) 命令，此时 图层 面板将变成如图 6.4.17 所示的状态。其中的效果图层已经被分离为单独的图层。

图 6.4.17　分离图层效果

4．复制与粘贴图层效果

在 Photoshop CS4 中可以将某一图层中的图层效果复制到其他图层中，从而加快编辑速度。复制图层效果的具体操作方法如下：

（1）在 图层 面板中的图层效果图标 ■ 上单击鼠标右键，从弹出的快捷菜单中选择 拷贝图层样式 命令。也可选择包含图层效果的图层，然后选择菜单栏中的 图层(L) → 图层样式(Y) → 拷贝图层样式(C) 命令复制图层效果，如图 6.4.18 所示。

（2）选择要粘贴图层效果的图层，例如选择该图像中的图层 2，然后选择菜单栏中的 图层(L) → 图层样式(Y) → 粘贴图层样式(P) 命令，即可将复制的图层效果粘贴到图层 2 中，效果如图 6.4.19 所示。

图 6.4.18　复制图层效果

图 6.4.19　粘贴图层效果

5．删除与隐藏图层效果

在 图层 面板中选择要删除的图层效果，将其拖至 图层 面板底部的"删除图层"按钮 🗑 上即可删除图层效果。也可选择菜单栏中的 图层(L) → 图层样式(Y) → 清除图层样式(A) 命令来删除图层效果。

选择菜单栏中的 图层(L) → 图层样式(Y) → 隐藏所有效果(H) 命令即可隐藏所选的图层效果。

6.5　图层蒙版的使用

图层蒙版用于控制图层中的不同区域如何被显示或隐藏。通过使用图层蒙版，可以将图像待处理部分以外的图像保护起来，以免在处理图像时受到影响。

6.5.1　创建图层蒙版

图层蒙版的创建方法很多，下面介绍几种常用的创建方法。

（1）选中要创建蒙版的图层，单击图层面板底部的"添加图层蒙版"按钮 ◻，即可为所选的图层添加图层蒙版，如图 6.5.1 所示。

图 6.5.1　图层蒙版的创建

（2）选择菜单栏中的 图层(L) → 图层蒙版(M) 命令，在弹出的子菜单中选择相应的命令即可为图层添加相应的蒙版。

6.5.2　链接和取消链接图层与图层蒙版

用户新建一个蒙版后，在图层缩略图后面出现一个蒙版缩略图，中间有一个链接符号，此时图层与蒙版是处于链接状态的，单击链接符号，符号消失，图层与蒙版处于分离状态。图 6.5.2（a）所示的为链接图层与图层蒙版，图 6.5.2（b）所示的为取消图层与图层蒙版之间的链接关系。

（a）　　　　　　　　　　　　　　（b）

图 6.5.2　链接与取消图层和图层蒙版

创建好蒙版后，应该对蒙版进行编辑操作，以达到满意的效果。在编辑过程中应注意以下事项：

（1）在对图层上的蒙版进行操作时，须要确定蒙版是否处于选中状态。

（2）可以在没有建立蒙版之前先创建选区，然后建立蒙版，也可以在建立了蒙版之后，用工具箱中的某些工具来对蒙版进行处理。

6.5.3　删除图层蒙版

当用户不再使用蒙版时，可以先选中要删除蒙版的图层，再单击选中图层蒙版图标，用鼠标将它拖动到"删除图层"按钮 上，可弹出提示框，如图 6.5.3 所示。单击 应用 按钮，蒙版将应用到图层；单击 取消 按钮，将放弃删除操作；单击 删除 按钮，蒙版将被删除。

图 6.5.3　提示框

6.6　典型实例——制作破镜而出效果

本例使用本章所学的内容制作破镜而出效果，最终效果如图 6.6.1 所示。

图 6.6.1　最终效果图

创作步骤

（1）按"Ctrl+O"键，打开一幅图像文件，单击工具箱中的"快速选择工具"按钮 ，在图像中的白色区域单击，然后按"Ctrl+Shift+I"键反选选区，如图 6.6.2 所示。

（2）选择菜单栏中的 图层(L) → 新建(N) → 通过剪切的图层(T) 命令，将选中的图像剪切到"图层1"中，此时的"图层"面板如图 6.6.3 所示。

图 6.6.2　反选选区　　　　　　　　图 6.6.3　"图层"面板

（3）按"Ctrl+O"键，打开一幅图像文件，使用快速选择工具 在图像中的黄色区域单击，然后按"Ctrl+Shift+I"键反选选区，如图 6.6.4 所示。

（4）单击工具箱中的"移动工具"按钮 ，将选区中的图像拖曳到"背景"层中，自动生成"图层2"，按"Ctrl+T"键执行自由变换命令，调整图像的大小及位置，效果如图 6.6.5 所示。

图 6.6.4　创建的选区　　　　　　　图 6.6.5　调整图像大小及位置

（5）将"图层1"作为当前图层，单击工具箱中的"套索工具"按钮 ，在图层1中创建如图6.6.6 所示的选区。将"图层2"拖曳到"图层1"的下方，图像效果如图 6.6.7 所示。

（6）确认"图层1"为当前图层，按"Q"键为该图层添加快速蒙版，效果如图 6.6.8 所示。

图 6.6.6　创建的选区　　　　　　　图 6.6.7　调整图层顺序

（7）选择菜单栏中的 滤镜(T) → 像素化 → 晶格化… 命令，弹出"晶格化"对话框，设置其参数如图 6.6.9 所示，设置完成后，单击 确定 按钮。

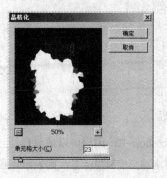

图 6.6.8　添加快速蒙版　　　　　　　图 6.6.9　"晶格化"对话框

（8）按"Q"键将快速蒙版转换为选区，按"Delete"键删除选区内容，效果如图 6.6.10 所示。

图 6.6.10　删除选区内容

（9）按"Ctrl+D"键取消选区，在按住"Ctrl"键的同时单击"图层 2"，将图层 2 载入选区。

（10）单击工具箱中的"矩形选框工具"按钮，在图层 1 中建立一个选区，按"Delete"键删除选区内容，效果如图 6.6.11 所示。在"图层"面板中单击"图层 2"眼睛图标后面的方框，显示链接图标，按"Ctrl+E"键将链接的图层合并为图层 1。

（11）双击"图层 1"，弹出"图层样式"对话框，设置参数如图 6.6.12 所示。设置完成后，单击　确定　按钮，最终效果如图 6.6.1 所示。

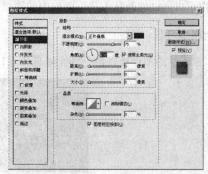

图 6.6.11　删除选区内容　　　　　　　图 6.6.12　设置"投影"选项

小　　结

本章主要介绍了图层的的功能与使用方法。通过本章的学习，读者应熟练掌握图层的创建方法和图层的编辑、图层特殊样式、图层混合模式以及图层蒙版等功能，并能灵活地使用这些功能制作出特殊的图像效果。

过关练习六

一、填空题

1. 在 Photoshop 中，用户可以通过按_____键来打开图层面板。

2. 若图层名称后有 标志，则表示该图层处于_____状态。

3. 按住_____键单击其他图层，可同时选择多个图层。

4. 在 Photoshop CS4 中可以将图层分为 4 类，即_____图层、_____图层、_____图层和_____图层。

5. 在_____图层中可以设置图层的混合模式、不透明度，还可以对图层进行顺序调整、复制、删除等操作。

二、选择题

1. （　）图层不能进行混合模式与不透明度的设置。

    A. 文字   B. 普通

    C. 背景   D. 调整

2. （　）模式与正片叠底模式相反。

    A. 差值   B. 滤色

    C. 变暗   D. 叠加

三、简答题

1. 如何删除不需要的图层组？请说明其具体的操作步骤。

2. 如何链接两个图层或更多的图层？

3. 用户可以通过哪两种方法为图层中的图像添加图层特殊样式效果？

四、上机练习题

利用本章所学的图层样式命令制作如题图 6.1 所示的珍珠效果。

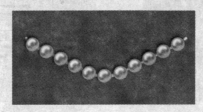

题图 6.1

第 7 章　通道与蒙版的应用

通道与蒙版是 Photoshop CS4 中重要的图像处理工具。Photoshop 中的所有颜色都是由若干个通道来表示的，通道可以保存图像中所有的颜色信息。而蒙版技术的使用则可使修改图像和创建复杂的选区变得更加方便。本章主要介绍通道与蒙版的强大功能。

本章重点

（1）通道面板简介
（2）通道的基本操作
（3）蒙版的功能与使用
（4）图像的合成

7.1　通道面板简介

图像都是由各种不同的颜色组成的，例如 CMYK 模式的图像是由青色、洋红、黄色及黑色 4 个颜色通道组成，而记录这些信息的对象就是通道。

一个图像的任何一个通道中的像素都包含了 8 位数据，也就是 0～255 级的 256 级灰度值。当打开一幅图像时，就会自动创建颜色信息通道。颜色信息通道是由图像的色彩模式决定的，对于不同色彩模式的图像，其通道数目也不同。例如：在一幅 CMYK 图像的通道面板中，共有 5 个默认通道，即青色、洋红、黄色、黑色和一个用于编辑图像的复合通道（CMYK 通道），如图 7.1.1 所示。

图 7.1.1　CMYK 图像及通道面板

在通道面板中可以同时将一幅图像所包含的通道全部都显示出来，还可以通过面板对通道进行各种编辑操作。默认情况下通道面板位于窗口的右侧，若在窗口中没有显示此面板，则可通过选择菜单栏中的 窗口(W) → 通道 命令打开通道面板，如图 7.1.2 所示。

：单击该图标，可在显示通道与隐藏通道之间进行切换，若显示有 图标，则打开该通道的显示，反之则关闭该通道的显示。

：单击此按钮，可以将通道内容作为选区载入。

：单击此按钮，可以将图像中的选区存储为通道。

：单击此按钮，可以在通道面板中创建一个新的 Alpha 通道。

![img]: 单击此按钮，可以将不需要的通道删除。

图 7.1.2　通道面板

在如图 7.1.2 中右图所示的通道面板菜单中可对通道进行一些简单的操作。若用户想更改通道面板中图像缩略图的大小，可以在通道面板菜单中选择 面板选项 命令，在如图 7.1.3 所示的打开的"通道面板选项"面板中选择需要的大小即可，效果如图 7.1.4 所示。

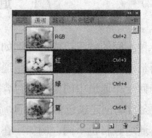

图 7.1.3　"通道面板选项"面板　　　　　图 7.1.4　更改图像缩略图效果

注意　在操作过程中，用户最好不要轻易修改原色通道，如果必须要修改，则可先复制原色通道，然后在其副本上进行修改。

7.2　通道的基本操作

通道的基本操作包括创建通道、复制通道、删除通道、分离通道和合并通道等，下面将分别进行介绍。

7.2.1　创建通道

在 Photoshop CS4 中，利用通道面板可以创建 Alpha 通道和专色通道，Alpha 通道主要用于建立、保存和编辑选区，也可将选区转换为蒙版。专色通道是一种比较特殊的颜色通道，在印刷过程中会经常用到。

1．创建 Alpha 通道

在 Photoshop CS4 中，单击通道面板中的"创建新通道"按钮 ![img]，可创建一个新的 Alpha 通道。

也可单击通道面板右上角的 ▼ 按钮，从弹出的面板菜单中选择 新建通道... 命令，则弹出"新建通道"对话框，如图 7.2.1 所示，在该对话框中设置好通道的各项参数，再单击 确定 按钮，即可在通道面板中创建一个新的 Alpha 通道，如图 7.2.2 所示。

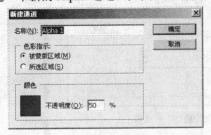

图 7.2.1 "新建通道"对话框

图 7.2.2 创建的 Alpha 通道

技巧 按住"Alt"键的同时单击"创建新通道"按钮 ◩ ，也可弹出 新建通道 对话框。

2．创建专色通道

单击通道面板右上角的 ▼ 按钮，从弹出的面板菜单中选择 新建专色通道... 命令，则弹出"新建专色通道"对话框，如图 7.2.3 所示，在该对话框中设置好新建专色通道的各项参数，再单击 确定 按钮，即可创建出新的专色通道，效果如图 7.2.4 所示。

图 7.2.3 "新建专色通道"对话框

图 7.2.4 创建的专色通道

7.2.2 复制通道

复制通道可以将一个通道中的图像移到另一个通道中，原来通道中的图像不改变。复制通道的方法有以下几种：

（1）选择要复制的通道，然后将其拖动到通道面板中的"创建新通道"按钮 ◩ 上，即可在被复制的通道下方复制一个通道副本，如图 7.2.5 所示。

图 7.2.5 复制通道

（2）选择要复制的通道，单击通道面板右上角的 ▼ 按钮，从弹出的通道面板菜单中选择复制通道... 命令，弹出"复制通道"对话框，如图 7.2.6 所示。在 为(A): 文本框中输入复制通道的名称，然后单击 确定 按钮，即可复制通道。

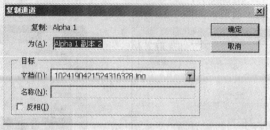

图 7.2.6 "复制通道"对话框

7.2.3 删除通道

在 Photoshop CS4 中，带有 Alpha 通道的图像会占用一定的磁盘空间，在编辑完图像后，用户可以将不需要的 Alpha 通道删除以释放磁盘空间。删除通道的方法有以下两种：

（1）选择要删除的通道，然后将其拖动到通道面板中的"删除通道"按钮 🗑 上，即可将选择的通道删除。

（2）选择要删除的通道，单击通道面板右上角的 ☰ 按钮，从弹出的通道面板菜单中选择 删除通道 命令，即可将选择的通道删除。

7.2.4 分离通道

在一幅图像中，如果包含的通道太多，就会导致文件太大而无法保存。利用通道面板中的 分离通道 命令（使用此命令之前，用户必须将图像中的所有图层合并，否则，此命令将不能使用），可以将图像的每个通道分离成灰度图像，以保留单个通道信息，每个图像可独立地进行编辑和存储。具体的操作方法如下：

（1）按"Ctrl+O"键，打开一幅 RGB 色彩模式的图像，如图 7.2.7 所示。

（2）单击通道面板右上角的 ☰ 按钮，从弹出的面板菜单中选择 分离通道 命令，即可将通道分离为灰度图像文件，而原来的文件将自动关闭，效果如图 7.2.8 所示。

图 7.2.7 分离通道前的效果

图 7.2.8 分离通道后的效果

7.2.5 合并通道

分离通道后，还可以将其全部合并。须要注意的是，所有要进行合并的通道都必须打开，而且都为灰度图像文件，这些文件的尺寸大小都必须相同，只有在满足这些条件时，才可以将它们合并起来。
具体的操作方法如下：

（1）单击通道面板右上角的 ▤ 按钮，从弹出的面板菜单中选择 合并通道... 命令，弹出"合并通道"对话框，如图 7.2.9 所示。

（2）在其中设置各项参数后，单击 确定 按钮，可弹出 合并多通道 对话框（此处弹出的对话框名称和要合并通道的图像的色彩模式有关），如图 7.2.10 所示。

（3）在对话框中设置好各项参数后，单击 确定 按钮，即可将分离的通道合并。

图 7.2.9　"合并通道"对话框

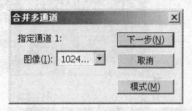

图 7.2.10　"合并多通道"对话框

7.3　蒙版的功能及使用

蒙版的形式有 3 种，分别为快速蒙版、通道蒙版和图层蒙版。蒙版可以用来保护图像，使被蒙蔽的区域不受任何编辑操作的影响，以方便用户对图像的其他部分进行编辑调整。

7.3.1　快速蒙版

利用快速蒙版可以将创建的选区转换成蒙版，并对其进行编辑。

下面通过一个具体的实例来介绍快速蒙版的创建和编辑方法，具体操作步骤如下：

（1）打开一幅图像，单击工具箱中的"矩形选框工具"按钮 ▢，在图像中对要编辑的区域创建选区，如图 7.3.1 所示。

（2）单击工具箱中的"以快速蒙版模式编辑"按钮 ▣，此时图像中未被选择的区域将被蒙版保护起来，效果如图 7.3.2 所示。

图 7.3.1　创建的选区

图 7.3.2　快速蒙版效果

（3）选择菜单栏中的 滤镜(T) → 画笔描边 → 喷色描边... 命令，弹出"喷色描边"对话框，参数设置如图 7.3.3 所示。

（4）设置完成后，单击 确定 按钮，效果如图 7.3.4 所示。

（5）单击工具箱中的"以标准模式编辑"按钮 ▢，此时图像中未被蒙版的区域将转换成为选区，如图 7.3.5 所示。

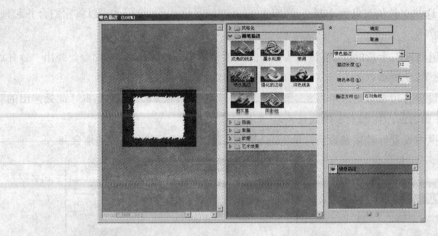

图 7.3.3 "喷色描边"对话框

图 7.3.4 应用喷色描边滤镜

图 7.3.5 以标准模式编辑图像效果

（6）按"Ctrl+Shift+I"键反选选区，如图 7.3.6 所示。

（7）将背景色设为白色，再按"Delete"键删除选区中的内容，按"Ctrl+D"键取消选区，最终效果如图 7.3.7 所示。

图 7.3.6 反选选区

图 7.3.7 最终效果图

> **提示** 在"通道"面板中创建"快速蒙版"通道，此通道是暂时存在的，如果退出"快速蒙版"状态，此通道将消失。

7.3.2 通道蒙版

通道蒙版与快速蒙版的作用类似，都是为了存储选区以备下次使用。不同的是在一幅图像中只允许有一个快速蒙版存在，而通道蒙版则不同，在一幅图像中可以同时存在多个通道蒙版，分别存放不同的选区。此外，用户还可以将通道蒙版转换为专色通道，而快速蒙版则不能。

1．通道蒙版的创建

在 Photoshop CS4 中创建通道蒙版常用的方法有以下几种：

（1）首先在图像中创建一个选区，然后单击通道面板底部的"将选区存储为通道"按钮 ，即可将选区范围保存为通道蒙版，如图 7.3.8 所示。

图 7.3.8　创建通道蒙版效果及通道面板

（2）首先在图像中创建一个选区，再选择菜单栏中的 选择(S) → 存储选区(V)... 命令，弹出"存储选区"对话框，如图 7.3.9 所示。在 名称(N): 文本框中输入通道蒙版的名称，再单击 确定 按钮即可将选区范围保存为通道蒙版。

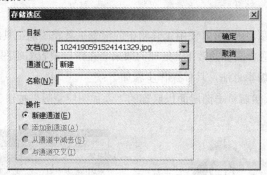

图 7.3.9　"存储选区"对话框

2．编辑通道蒙版

通道蒙版的编辑方法与快速蒙版相同，为图像创建通道蒙版后，可以使用 Photoshop 工具箱中的绘图工具、调整命令和滤镜等对其进行编辑，为图像添加各种特殊效果。

7.3.3　图层蒙版

图层蒙版是一个附加在图层之上的 8 位灰度图像，主要用于保护被屏蔽的图像区域，并可将部分图像处理成透明或半透明的效果。它与前面所说的快速蒙版、通道蒙版不同，图层蒙版只对要创建蒙版的图层起作用，而对于图像中的其他层，该蒙版不可见，也不起任何作用。

1．图层蒙版的创建

（1）选中要创建图层蒙版的图层，再用工具箱中的任意一种选框工具在图像中绘制选区，然后单击图层面板底部的"添加图层蒙版"按钮 ，即可为选择区域以外的图像添加蒙版，效果如图 7.3.10 所示。

图 7.3.10　创建的图层蒙版效果

（2）选中要创建图层蒙版的图层，选择菜单栏中的 图层(L) → 图层蒙版(M) 命令，弹出如图 7.3.11 所示的子菜单，在其中选择相应的命令即可为图层添加蒙版。

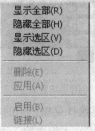

图 7.3.11　图层蒙版子菜单

2．编辑图层蒙版

为图像创建图层蒙版后，用户可以使用工具箱中的渐变工具和画笔工具组在图层蒙版中添加渐变颜色或进行擦拭，以达到融合图像的效果，处理的效果会在图层蒙版缩略图中显示出来。下面通过一个例子来介绍图层蒙版的编辑方法，具体操作步骤如下：

（1）打开一幅图像，然后单击图层面板底部的"添加图层蒙版"按钮 ，即可为图像添加蒙版，如图 7.3.12 所示。

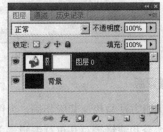

图 7.3.12　打开图像并为其添加图层蒙版

（2）用鼠标单击选择图层蒙版缩略图，单击工具箱中的"渐变工具"按钮 ，使用线性渐变方式为蒙版填充从灰色到白色的渐变，效果如图 7.3.13 所示。

图 7.3.13　编辑图层蒙版效果

7.4 图像的合成

在 Photoshop CS4 中可通过 "计算" 命令和 "应用图像" 命令来合成图像，它们都包含在 图像(I) 菜单中。通过在一个或多个图像的通道和图层、通道和通道之间进行计算来合成图像，可以使图像产生各种各样的效果。在使用 "计算" 和 "应用图像" 命令合成图像时，只有当被混合的图像文件之间的文件格式、文件尺寸大小、分辨率、色彩模式等都相同时，才能对两幅图像进行合成。

7.4.1 计算

使用 "计算" 命令可以将一幅或多幅图像中的两个通道进行合成，然后将合成后的结果保存到符合要求的新通道中，也可以直接将结果转换为选区。具体操作步骤如下：

（1）打开两幅大小相同的图像，如图 7.4.1 所示，将它们分别作为源文件和目标文件。

图 7.4.1 打开的图像

（2）选择 图像(I) → 计算(C)... 命令，弹出 "计算" 对话框，如图 7.4.2 所示。

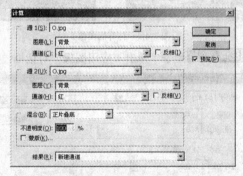

图 7.4.2 "计算" 对话框

（3）在 源 1(S): 下拉列表中选择第一个源文件及其图层和通道；在 源 2(U): 下拉列表中选择第二个源文件及其图层和通道；在 混合(B): 下拉列表中选择用于计算时的混合模式。

（4）选中 ☑ 蒙版(K)... 复选框后，用户可通过蒙版应用混合效果；选中 ☑ 反相(V) 复选框时，通道的被蒙版区域和未被蒙版区域将反相显示；在 结果(R): 下拉列表中选择将混合后的结果置于新图像中，或置于当前图像的新通道或选区中。

（5）设置完成后，单击 确定 按钮完成图像的计算，最终效果如图 7.4.3 所示。

> **注意** 除文字外，插入到备注页中的对象只能在备注页中显示，可通过打印备注页打印出来，但是不能在普通视图模式下显示。

图 7.4.3　最终效果图

7.4.2　应用图像

利用"应用图像"命令可以快速地对一个或多个图像中的图层与通道进行计算处理，从而产生许多合成效果。但是用来运算的两个通道内的像素必须互相对应，"源"通道既可以是当前打开的文件，也可以是其他文件。具体操作步骤如下：

（1）打开两幅大小相同的图像，如图 7.4.4 所示，将它们分别作为源文件和目标文件。

图 7.4.4　打开的图像

（2）选择 图像(I) → 应用图像(Y)... 命令，弹出"应用图像"对话框，如图 7.4.5 所示。

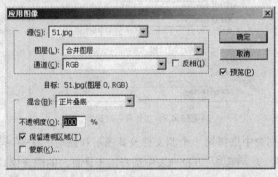

图 7.4.5　"应用图像"对话框

（3）在 源(S): 下拉列表中选择与当前图像混合的源图像文件，默认设置为当前图像；在 图层(L): 下拉列表中显示要选择的源图像文件中的图层；在 通道(C): 下拉列表中选择源图像文件中的通道；在 混合(B): 下拉列表中可选择混合图像时所需的混合模式。

（4）在 不透明度(O): 文本框中输入图像的不透明度数值；选中 ☑ 保留透明区域(T) 复选框，计算时只对不透明区域的图像起作用，如果当前图层为"背景图层"，则该复选框不能使用；选中 ☑ 蒙版(K)... 复选框，可以选择一个图像文件作为合成图像时的蒙版。

（5）单击 确定 按钮完成应用图像的设置，合成的最终效果如图 7.4.6 所示。

图 7.4.6 最终效果图

7.5 典型实例——图像合成效果

本节主要利用所学的内容制作图像合成效果，最终效果如图 7.5.1 所示。

图 7.5.1 最终效果图

创作步骤

（1）按 "Ctrl+O" 键，打开一个图像文件，如图 7.5.2 所示。

（2）在图层面板中双击背景层，弹出如图 7.5.3 所示的 "新建图层" 对话框，单击 确定 按钮，新建图层 0。

图 7.5.2 打开的图像文件

图 7.5.3 "新建图层" 对话框

（3）再打开一幅图像文件，使用移动工具将其拖曳到新建图像中，效果如图 7.5.4 所示。

（4）单击图层面板下方的 "添加蒙版工具" 按钮 ，为图层 1 添加蒙版，如图 7.5.5 所示。

图 7.5.4　调整图层位置　　　　　　　　　　　　　图 7.5.5　图层面板

（5）单击工具箱中的"渐变工具"按钮，在图像中由左向右拖动鼠标，为蒙版进行黑色到白色的渐变填充，如图 7.5.6 所示。

（6）单击工具箱中的"橡皮擦工具"按钮，对两图像相接处进行擦除，效果如图 7.5.7 所示。

图 7.5.6　渐变填充效果　　　　　　　　　　　　图 7.5.7　擦除图像效果

（7）单击工具箱中的"减淡工具"按钮，设置其属性栏如图 7.5.8 所示。

图 7.5.8　"减淡工具"属性栏

（8）在图层 1 中按住鼠标左键拖曳，对图像的中间调进行减淡，效果如图 7.5.9 所示。

图 7.5.9　使用减淡工具效果

（9）再使用减淡工具为图像添加高光效果，设置其属性栏如图 7.5.10 所示。

图 7.5.10　"减淡工具"属性栏

（10）设置完成后，在图像中拖曳鼠标，分别为两个图层添加高光，最终效果如图 7.5.1 所示。

小　　结

本章主要介绍了通道与蒙版的基本功能与使用方法。通过本章的学习，读者应该对通道与蒙版有更深的了解，并能运用蒙版制作出所需的图像效果。

过关练习七

一、填空题

1. 在 Photoshop CS4 中包含 3 种类型的通道，即_____通道、_____通道和_____通道。

2. 打开一幅 CMYK 模式的图像时，在 通道 面板中有 5 个默认的通道，分别是_____、_____、_____、_____和_____。

3. _____被用于保存图像的颜色数据和选区。

二、选择题

1. 在 通道 面板中，不能更改（　　）通道的名称。

　　A．Alpha　　　　　　　　　　　　B．专色

　　C．复合　　　　　　　　　　　　D．单色

2. 在 Photoshop 中保存图像文件时，使用（　　）格式不能存储通道。

　　A．PSD　　　　　　　　　　　　B．TIFF

　　C．DCS　　　　　　　　　　　　D．JPEG

3. 一幅 CMYK 色彩模式的图像，有（　　）个通道。

　　A．2　　　　　　　　　　　　　B．3

　　C．4　　　　　　　　　　　　　D．5

4. 下面选项中，（　　）不是在 Photoshop 中创建的通道。

　　A．颜色通道　　　　　　　　　　B．Alpha 通道

　　C．路径通道　　　　　　　　　　D．专色通道

5. 将一幅图像分离通道后，可将图像的每个通道分离成（　　）图像。

　　A．黑白　　　　　　　　　　　　B．灰度

　　C．彩色　　　　　　　　　　　　D．位图

6. 在 通道 面板中，如果希望选择多个通道，可在操作时按住（　　）键。

　　A．Shift　　　　　　　　　　　　B．Alt

　　C．Ctrl+Shift　　　　　　　　　　D．Ctrl+Alt

7. 对于 通道 面板中各元素的作用，下列选项表述正确的是（　　）。

　　A．通道可视图标用于缩略显示本通道内的图像效果

　　B．通道缩览图用于控制通道的显示或隐藏

　　C．单击"将通道作为选区载入"按钮，可将通道中的选区内容转换为图像

　　D．每个通道都有一个组合键，在打不开的情况下，用户可以按住该键实现通道的选择

三、上机操作题

1. 新建一个图像文件，创建文字选区，并将该选区保存到通道面板中。

2. 打开一幅图像，练习使用蒙版功能精确选择某区域。

3. 运用本章所学的相关知识，将原图处理成如题图 7.1 所示的效果。

原图

效果图

题图 7.1

第8章　路径与形状的应用

路径和形状是 Photoshop CS4 的重要工具之一，利用路径工具和形状工具可以绘制各种复杂的图形，并能够生成各种复杂的选区。本章主要介绍路径的概念、路径的创建、路径的调整、路径的编辑以及形状工具的使用方法。

本章重点

（1）路径的概念
（2）路径的创建和编辑
（3）路径的基本操作
（4）形状工具的应用

8.1　路径的概念

路径是由多节点的矢量线条构成的，是不可打印的矢量图，用户可以沿着路径进行颜色填充和描边，还可以将其转换为选区，从而进行图像选区的处理。图 8.1.1 所示的为路径构成示意图。

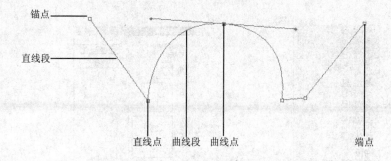

图 8.1.1　路径构成示意图

锚点：是由钢笔工具创建的，是一个路径中两条线段的交点。

直线段：是指两个锚点之间的直线线段。使用钢笔工具在图像中两个不同的位置单击，即可创建一条直线段。

直线点：是一条直线段与一条曲线段之间的连接点。

曲线段：是指两个锚点之间的曲线线段。

曲线点：是含有两个独立调节手柄的锚点，移动调节手柄可以随意改变曲线段的弧度。

端点：路径的起始点和终点都是路径的端点。

在 Photoshop 中创建好路径后，利用"路径"面板可对其进行管理和编辑操作。在默认状态下，"路径"面板处于打开状态，如果窗口中没有显示"路径"面板，可选择 窗口(W) → 路径 命令将其打开，如图 8.1.2 所示。

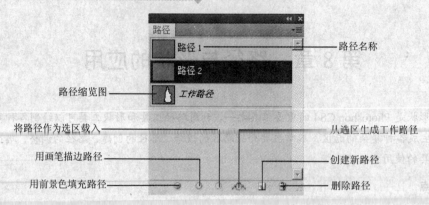

路径名称

路径缩览图

将路径作为选区载入

从选区生成工作路径

用画笔描边路径

创建新路径

用前景色填充路径

删除路径

图 8.1.2 "路径"面板

：单击此按钮，可用前景色填充路径包围的区域。

：单击此按钮，可用描绘工具对路径进行描边处理。

：单击此按钮，可将当前绘制的封闭路径转换为选区。

：单击此按钮，可将图像中创建的选区直接转换为工作路径。

：单击此按钮，可在"路径"面板中创建新的路径。

：单击此按钮，可将当前路径删除。

单击"路径"面板右上角的 ▼≡ 按钮，可弹出如图 8.1.3 所示的路径面板菜单，在其中包含了所有用于路径的操作命令，如新建、复制、删除、填充以及描边路径等。此外，用户还可以选择路径面板菜单中的 面板选项... 命令，在弹出的"路径面板选项"对话框（见图 8.1.4）中调整路径缩览图的大小。

图 8.1.3 路径面板菜单

图 8.1.4 "路径面板选项"对话框

在"路径"面板中，正在编辑而尚未保存的路径名称默认为"工作路径"，在保存路径时可对路径进行重新命名，其方法与图层重命名方法相同，这里不再赘述。

8.2 路径的创建和编辑

在 Photoshop 中，通过创建路径可以勾勒出用户想要绘制的任意形状的图形轮廓，并且可将其转换为选区进行修改，如果对所勾勒的轮廓不满意，还可以使用 Photoshop 提供的路径编辑工具对其进行编辑操作，以达到满意的效果。在 Photoshop CS4 中，路径的创建和编辑工具包括钢笔工具、自由钢笔工具、添加锚点工具、删除锚点工具、转换点工具、路径选择工具和直接选择工具 7 种，如图 8.2.1 所示。下面分别进行介绍。

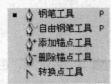

图 8.2.1　创建和编辑路径工具

8.2.1　钢笔工具

利用钢笔工具可以创建直线路径和曲线路径。单击工具箱中的"钢笔工具"按钮 ，其属性栏如图 8.2.2 所示。

图 8.2.2　"钢笔工具"属性栏

钢笔工具的使用方法很简单，首先选择钢笔工具，然后在图像中单击鼠标，即可进行节点定义，单击一次鼠标，路径中就会多一个节点，同时节点之间连接在一起，当鼠标放在第一个节点处时，鼠标指针变为 形状，然后单击鼠标可将路径封闭。

：单击此按钮，就可以在图像中绘制需要的路径。

：单击此按钮，在图像中拖动鼠标可以创建具有前景色的形状图层。

：单击此按钮，在绘制图形时可以直接使用前景色填充路径区域。该按钮只有在选择形状工具时才可以使用。

：该组工具可以直接用来绘制矩形、椭圆形、多边形、直线等形状。

选中 复选框，钢笔工具将具备添加和删除锚点的功能，可以在已有的路径上自动添加新锚点或删除已存在的锚点。

：这 4 个按钮从左到右分别是相加、相减、相交和反交，与选框工具属性栏中的相同，这里不再赘述。

1. 绘制直线路径

利用钢笔工具绘制直线路径的具体操作方法如下：

（1）新建一个图像文件，单击工具箱中的"钢笔工具"按钮 ，在图像中适当的位置单击鼠标，创建直线路径的起点。

（2）将鼠标指针移动到适当的位置再单击，绘制与起点相连的一条直线路径。

（3）将鼠标指针移动到下一位置单击，可继续创建直线路径。

（4）将鼠标指针移动到路径的起点，当指针变为 形状时，单击鼠标左键即可创建一条封闭的直线路径，如图 8.2.3 所示。

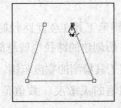
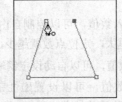
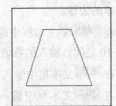

图 8.2.3　绘制的封闭直线路径

2．绘制曲线路径

利用钢笔工具绘制曲线路径的具体操作方法如下：

（1）新建一个图像文件，单击工具箱中的"钢笔工具"按钮 ，在图像中适当的位置单击鼠标创建曲线路径的起点（即第一个锚点）。

（2）将鼠标指针移动到适当位置，再单击并按住鼠标左键拖动，将在起点与该锚点之间创建一条曲线路径。

（3）重复步骤（2）的操作，即可继续创建曲线路径。

（4）将鼠标指针移动到路径的起点处，当指针变为 形状时，单击鼠标左键即可创建一条封闭的曲线路径，如图 8.2.4 所示。

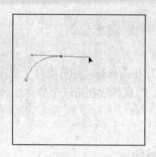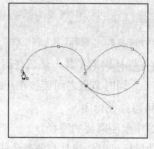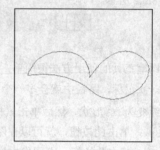

图 8.2.4　绘制的封闭曲线路径

8.2.2　自由钢笔工具

使用自由钢笔工具可以随意绘制曲线，可以对图像进行描边，尤其适用于创建精确的图像路径。单击工具箱中的"自由钢笔工具"按钮 ，其属性栏如图 8.2.5 所示。

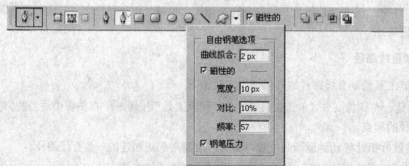

图 8.2.5　"自由钢笔工具"属性栏

选中 磁性的 复选框，自由钢笔工具将变成磁性钢笔工具，它和磁性套索工具一样，可以自动寻找对象的边缘。

在 曲线拟合 文本框中输入数值，可以控制自由钢笔工具在创建路径时的定位点数，数值范围在 0.5～10 之间。输入的数值越大，定位点数就越少，所创建的路径也就越简单。

在 宽度 文本框中输入数值，可以自动设定钢笔工具检测的宽度范围。

在 对比 文本框中输入数值，可以设置磁性钢笔的灵敏度。数值范围在 0～100% 之间。数值越大，要求边缘与周围环境的反差越大。

在 频率:文本框中输入数值，可以控制在创建的路径上设置的锚点的密度，数值范围在 5~40 之间。数值越大，定位点越少；数值越小，定位点越多。

选中 ☑钢笔压力 复选框，可以控制在使用光笔绘图板时，钢笔的压力与宽度值之间的关系。

> **注意** 使用自由钢笔工具建立路径后，按住"Ctrl"键，可将钢笔工具切换为直接选择工具。按住"Alt"键，移动鼠标指针到锚点上，此时指针将变为转换点工具；若移动指针到开放路径的两端，则变回自由钢笔工具，并可继续描绘路径。

8.2.3 添加锚点工具

在创建路径时，有时锚点的数量不能满足需要，这时就要添加锚点。添加锚点可以更好地控制路径的形状。单击工具箱中的"添加锚点工具"按钮 ，在路径上任意位置单击鼠标，即可在路径中增加一个锚点，效果如图 8.2.6 所示。

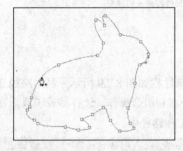

图 8.2.6 添加锚点

8.2.4 删除锚点工具

利用删除锚点工具可以将路径中多余的锚点删除，锚点越少，图像越光滑。单击工具箱中的"删除锚点工具"按钮 ，将鼠标指针放在要删除的锚点处，单击即可删除锚点。图 8.2.7 所示的为将路径中兔子嘴部的锚点删除后的效果。

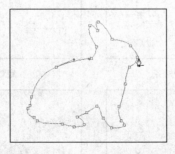
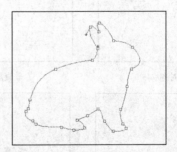

图 8.2.7 删除锚点

> **提示** 将鼠标指针移动到要添加锚点的路径上，单击鼠标右键，在弹出的快捷菜单中选择"添加锚点"命令即可添加锚点；将鼠标指针移动到要删除的锚点上，单击鼠标右键，在弹出的快捷菜单中选择"删除锚点"命令即可删除锚点。

8.2.5　转换点工具

转换点工具用来修改编辑路径中的锚点，使路径更加精确。单击工具箱中的"转换点工具"按钮 ，在路径中单击鼠标，锚点的调节手柄将被显示出来，将鼠标指针放在调节手柄两端的锚点上时，鼠标指针变为 ⼘ 形状，此时就可以对锚点进行编辑，效果如图 8.2.8 所示。

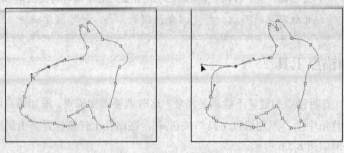

图 8.2.8　用转换点工具修改路径的效果

8.2.6　路径选择工具

单击工具箱中的"路径选择工具"按钮 ，其属性栏如图 8.2.9 所示。利用路径选择工具可以选择一个或多个路径，还可以对多个路径进行对齐、分布和组合操作。选择路径工具后在含有路径的图形上单击，即可选中路径，但此图形必须在当前的工作路径中。

图 8.2.9　"路径选择工具"属性栏

：该组按钮可以用来对齐所选择的多个路径。从左到右依次为顶对齐、垂直居中对齐、底对齐、左对齐、水平居中对齐和右对齐，如图 8.2.10 所示。

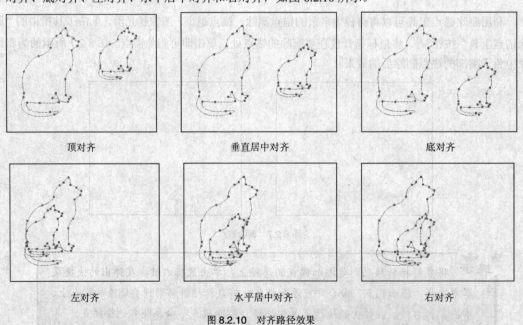

顶对齐　　　　　　　垂直居中对齐　　　　　　　底对齐

左对齐　　　　　　　水平居中对齐　　　　　　　右对齐

图 8.2.10　对齐路径效果

⬛⬛⬛ ⬛⬛⬛：该组按钮可以用来对 3 个或 3 个以上的路径进行分布。从左到右依次为按顶分布、垂直居中分布、按底分布、按左分布、水平居中分布和按右分布，按住"Shift"键的同时将所要分布的路径全部选中，在其中选择需要的路径分布方式即可。

选中 **☑ 显示定界框** 复选框，在选择的路径图形周围会出现一个虚线框，这时用户可以对路径进行变换和缩放等操作。

单击 **⬛⬛组合⬛⬛** 按钮，可以将所选的多个路径合并形成一个新路径。该按钮必须在图像中含有两个或两个以上的路径时才可用。

> **提示** 利用路径选择工具还可以对路径进行复制和删除。选择路径选择工具，再选中要复制的路径，然后在按住"Alt"键的同时单击并拖动鼠标，即可复制路径。按"Delete"键，即可将选择的路径删除。

8.2.7　直接选择工具

利用直接选择工具选择路径时，被选中的路径的各锚点显示为空心状态，这时如果利用鼠标在路径上拖动，可以直接对路径上的某一个或几个锚点进行修改。

（1）移动一条曲线段并不改变它的弧度。单击工具箱中的"直接选择工具"按钮 🔖，在要移动的曲线段的一端锚点上单击鼠标，选中锚点，按住"Shift"键在曲线段另一端的锚点处单击鼠标，选中另一个锚点，这样可以固定曲线段的弧度，然后单击曲线段并按住鼠标左键拖动，即可移动曲线段且不改变它的弧度，如图 8.2.11 所示。

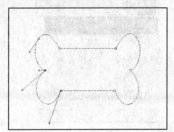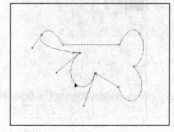

图 8.2.11　移动曲线段且不改变它的弧度

（2）移动一条直线段。单击工具箱中的"直接选择工具"按钮 🔖，然后在路径中要移动的直线段上单击并按住鼠标左键进行拖动，即可改变直线段的位置，如图 8.2.12 所示。

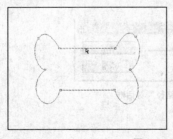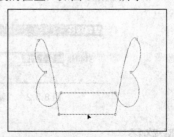

图 8.2.12　移动直线段

（3）还可以通过直接选择工具移动曲线段来改变曲线的弧度和位置，也可以直接移动曲线锚点或调节手柄来改变曲线的位置和弧度，如图 8.2.13 所示。

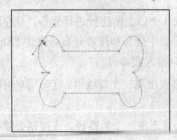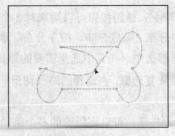

图 8.2.13 移动曲线段并改变其弧度和位置

8.3 路径的基本操作

在 Photoshop 中创建路径后，用户可对其进行复制、删除、填充、描边、重命名以及隐藏和显示等操作，下面进行具体介绍。

8.3.1 复制路径

复制路径的方法有以下两种：

（1）直接用鼠标将要复制的路径拖动到"路径"面板底部的"创建新路径"按钮 上，释放鼠标，即可复制路径，如图 8.3.1 所示。

图 8.3.1 复制路径

（2）单击"路径"面板右上角的 按钮，在弹出的路径面板菜单中选择 复制路径... 命令，可弹出如图 8.3.2 所示的"复制路径"对话框，在其中设置适当的参数后，单击 确定 按钮，即可复制路径。

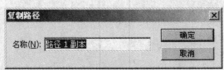

图 8.3.2 "复制路径"对话框

8.3.2 删除路径

删除路径的方法有以下两种：

（1）直接用鼠标将要删除的路径拖动到"路径"面板底部的"删除路径"按钮 上，即可删除路径。

（2）选中要删除的路径，单击"路径"面板右上角的 ![按钮] 按钮，在弹出的路径面板菜单中选择 删除路径 命令，即可将选择的路径删除。

8.3.3 填充路径

填充路径是用指定的颜色和图案来填充路径内部的区域。在进行填充前，首先要设置好前景色或背景色；如果要使用图案填充，则应先将所需要的图像定义成图案。

下面通过一个例子来介绍路径的填充。具体的操作方法如下：

（1）在图像中创建要进行填充的路径，如图 8.3.3 所示。

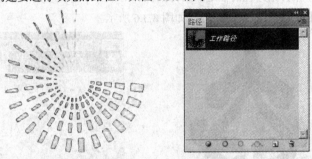

图 8.3.3 "路径"面板及绘制的路径

（2）单击"路径"面板右上角的 ![按钮] 按钮，在弹出的路径面板菜单中选择 填充路径... 命令，可弹出如图 8.3.4 所示的"填充路径"对话框。

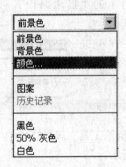

图 8.3.4 "填充路径"对话框

（3）在 使用(U): 下拉列表中选择所需的填充方式，如选择用前景色填充，并将其 不透明度(O): 设为70%，单击 确定 按钮，效果如图 8.3.5 所示。

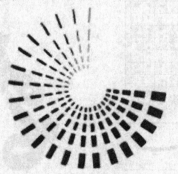

图 8.3.5 用前景色填充路径效果

133

> **技巧** 单击"路径"面板底部的"用前景色填充路径"按钮 ⚫，即可直接使用前景色填充路径。

8.3.4 描边路径

在 Photoshop CS4 中，可以利用工具箱中的画笔、橡皮擦和图章等工具对路径进行描边。在进行路径描边时，应先定义好描边工具的属性。

下面通过一个例子来介绍路径的描边。具体的操作方法如下：

（1）在图像中创建要进行描边的路径，如图 8.3.6 所示。

图 8.3.6 "路径"面板及绘制的路径

（2）单击"路径"面板右上角的 按钮，在弹出的路径面板菜单中选择 描边路径... 命令，可弹出如图 8.3.7 所示的"描边路径"对话框，在 画笔 下拉列表中选择描边所用的绘画工具。

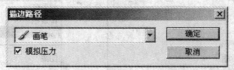

图 8.3.7 "描边路径"对话框

（3）单击"画笔工具"属性栏中的"切换画笔面板"按钮，在弹出的"画笔"面板中设置其参数如图 8.3.8 所示。

（4）设置完参数后，单击"路径"面板中的"用画笔描边路径"按钮 ⚪，最终效果如图 8.3.9 所示。

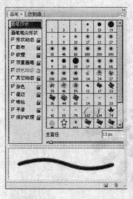 

图 8.3.8 "画笔"面板　　　　图 8.3.9 描边路径效果

8.3.5 路径的隐藏和显示

在处理图像的过程中，如果窗口中的图像太多，可以将不需要的图层和通道内容隐藏起来，路径也一样，在"路径"面板中选中要隐藏的路径，然后按"Ctrl+H"键可将路径隐藏，再次按"Ctrl+H"键可以将路径显示出来。

8.4　路径与选区的相互转换

路径和选区各有特点，利用路径和选区的相互转换可以对图形进行精确的选择与操作。下面具体介绍其转换方法。

8.4.1　将选区转换为路径

将选区转换为路径有以下两种方法：

（1）在图像中创建选区后，单击"路径"面板底部的"从选区生成工作路径"按钮 ，即可将该选区转换为工作路径，如图 8.4.1 所示。

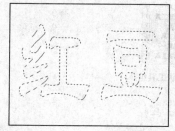

图 8.4.1　将选区转换为工作路径

（2）在图像中创建选区后，单击"路径"面板右上角的 按钮，在弹出的路径面板菜单中选择 建立工作路径... 命令，可弹出如图 8.4.2 所示的"建立工作路径"对话框，在其中设置适当的参数后，单击 确定 按钮，即可将选区转换为路径。

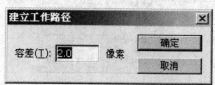

图 8.4.2　"建立工作路径"对话框

8.4.2　将路径转换为选区

将路径转换为选区常用的方法有以下两种：

（1）选择要转换的路径后，单击"路径"面板底部的"将路径作为选区载入"按钮 ，即可将该路径转换为选区。

（2）选择要转换的路径，单击"路径"面板右上角的 按钮，在弹出的路径面板菜单中选择建立选区... 命令，可弹出如图 8.4.3 所示的"建立选区"对话框，在其中设置适当的参数后，单击 确定 按钮，即可将路径转换为选区。

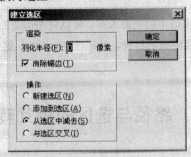

图 8.4.3 "建立选区"对话框

8.5 形状工具的应用

利用形状工具组可以方便地绘制各种各样的图形，并且绘制出的图形都是矢量图形，可以使用其他矢量图形编辑工具对其进行编辑。该组工具包括矩形工具、圆角矩形工具、椭圆工具、多边形工具、直线工具和自定形状工具，如图 8.5.1 所示。

图 8.5.1 形状工具组

8.5.1 矩形工具和圆角矩形工具

这两个工具主要用来绘制矩形、正方形和圆角矩形的路径或形状图层，其属性栏也相同。单击工具箱中的"矩形工具"按钮，其属性栏如图 8.5.2 所示。

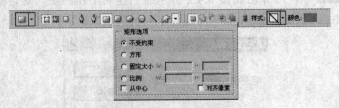

图 8.5.2 "矩形工具"属性栏

单击 按钮，在图像中绘制图形时将以前景色填充所绘的图形，并且不创建新图层，也不创建工作路径。

选中 不受约束 单选按钮，在图像文件中创建图形将不受任何限制，可以绘制任意形状的图形。

选中 方形 单选按钮，可在图像文件中绘制方形、圆角方形或圆形。

选中 固定大小 单选按钮，在后面的文本框中输入固定的长宽数值，可以绘制出指定尺寸的矩形、圆角矩形或椭圆形。

选中 比例 单选按钮，在后面的文本框中设置矩形的长宽比例，可绘制出比例固定的图形。

选中 ☑ 从中心 复选框后，在绘制图形时将以图形的中心为起点进行绘制。

选中 ☑ 对齐像素 复选框后，图形的边缘将同像素的边缘对齐，使图形的边缘不出现锯齿。

选择这两种工具中的一种，用鼠标在窗口内拖曳，即可创建路径和形状图层。图 8.5.3 所示即为使用以上两种工具所绘制的形状图形。

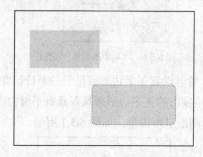

图 8.5.3 绘制矩形、圆角矩形形状

> **技巧** 在绘制形状图形时，按住"Shift"键在图像中拖曳鼠标可绘制正方形或圆形。在绘制圆角矩形时，按住"Alt"键，将以中心为起点绘制圆角矩形。使用椭圆工具时，按住"Shift"键和"Alt"键，将从中心绘制圆。

8.5.2 椭圆工具

利用椭圆工具可以绘制圆和椭圆形路径或形状。单击工具箱中的"椭圆工具"按钮 ◯，其属性栏如图 8.5.4 所示。

图 8.5.4 "椭圆工具"属性栏

"椭圆工具"属性栏中的选项及选项的使用方法与矩形工具基本相同，这里不再赘述。图 8.5.5 所示即为使用椭圆工具绘制的椭圆和圆路径。

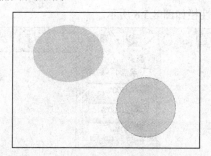

图 8.5.5 使用椭圆工具绘制的椭圆和圆路径

8.5.3 多边形工具

利用多边形工具可以绘制正多边形和星形路径或形状，其绘制方法同矩形工具一样。单击工具箱中的"多边形工具"按钮 ◯，其属性栏如图 8.5.6 所示。

图 8.5.6　"多边形工具"属性栏

在 半径: 文本框中输入数值，可以设置正多边形或星形的半径长度。

选中 ☑平滑拐角 复选框后，绘制出的正多边形或星形具有平滑的拐角。

选中 ☑星形 复选框后，可绘制出星形图形，如图 8.5.7 所示。

图 8.5.7　绘制的星形图形

在 缩进边依据: 文本框中输入数值，可以控制星形边缘的缩进程度，取值范围在 1%～99% 之间。输入的数值越大，缩进的效果就越明显。

选中 ☑平滑缩进 复选框后，可以使星形的边缘向中心平滑缩进。

在 边: 5 文本框中输入数值，可以设置多边形或星形的边数。

8.5.4　直线工具

利用直线工具可以绘制直线或带有箭头的直线，其使用方法同其他形状工具类似。单击工具箱中的"直线工具"按钮 ╲，其属性栏如图 8.5.8 所示。

图 8.5.8　"直线工具"属性栏

在 粗细: 1 px 文本框中输入数值，可控制直线形状的粗细，输入数值范围在 1～1 000 像素之间。数值越大，直线形状越宽。

选中 ☑起点 复选框，在绘制直线形状时，直线形状的起点处带有箭头。

选中 ☑终点 复选框，在绘制直线形状时，直线形状的终点处带有箭头。

在 宽度: 文本框中输入数值，可用来控制箭头的宽窄，输入数值范围在 10%～1 000% 之间。数值越大，箭头越宽。

在 长度: 文本框中输入数值，可用来控制箭头的长短，输入数值范围在 10%～5 000%之间。数值越大，箭头越长。

在 凹度: 文本框中输入数值，可用来控制箭头的凹陷程度。输入数值范围在−50%～50%之间。数值为正时，箭头尾部向内凹陷；数值为负时，箭头尾部向外突出；数值为 0 时，箭头尾部平齐。

提示 在绘制直线时，按住"Shift"键，可在水平、45 度角和垂直 3 个方向绘制。

8.5.5　自定形状工具

利用自定形状工具可以创建出不规则形状的路径或形状图层。单击工具箱中的"自定形状工具"按钮，其属性栏如图 8.5.9 所示。

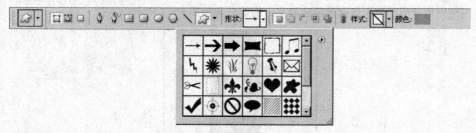

图 8.5.9　"自定形状工具"属性栏

单击 形状: 右侧的 按钮，则弹出自定形状选项面板，其中包含了所有的自定义图形。在自定形状面板中单击任意一个形状，即表示选用了这个形状。单击右侧的 按钮，还可以在弹出的下拉菜单（见图 8.5.10）中选择加载其他的自定形状图形。

使用自定形状工具绘制图形的方法与其他形状工具相同，图形效果如图 8.5.11 所示。

图 8.5.10　下拉菜单

图 8.5.11　自定义形状图形

另外，在平时的绘图过程中，遇到比较好看的形状，用户还可将它转换成路径形状图层保存起来，以便再次使用。具体的操作方法如下：

（1）使用创建路径工具绘制新的自定形状，如图 8.5.12 所示。

（2）选择 编辑(E)→定义自定形状... 命令，弹出"形状名称"对话框，设置参数如图 8.5.13 所示。

（3）设置完成后，单击 确定 按钮，然后再打开自定形状工具的形状下拉列表，可以看到自定义的形状已被添加到形状下拉列表中，如图 8.5.14 所示。

图 8.5.12　创建的自定形状

图 8.5.13　"形状名称"对话框

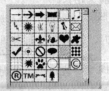
图 8.5.14　添加自定义图形

8.6　典型实例——制作换装效果

本例使用本章所学的内容制作换装效果，最终效果如图 8.6.1 所示。

图 8.6.1　最终效果图

创作步骤

（1）按"Ctrl+O"键打开一幅人物图像，如图 8.6.2 所示。

（2）单击工具箱中的"钢笔工具"按钮，沿人物上衣边缘绘制封闭的路径，可在"路径"面板中生成工作路径，如图 8.6.3 所示。

图 8.6.2　打开的图像

图 8.6.3　生成的工作路径

（3）在"路径"面板中双击工作路径，可弹出 **存储路径** 对话框，设置名称为路径 1，单击 **确定** 按钮，可将工作路径转换为普通路径。

（4）选择路径 1，在"路径"面板上单击"将路径作为选区载入"按钮，可将路径转换为选区。

（5）按"Ctrl+O"键打开一幅花布图像，如图 8.6.4 所示。

（6）按"Ctrl+A"键全选，再按"Ctrl+C"键复制花布图像到剪贴板上。

（7）确认人物图像为当前可编辑图像，选择菜单栏中的 编辑(E) → 贴入(I) 命令，将复制的花布图像贴入到选区中，如图 8.6.5 所示。

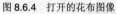

图 8.6.4 打开的花布图像　　图 8.6.5 将花布图像贴入选区

（8）此时可在"图层"面板中自动创建一个剪贴图层，如图 8.6.6 所示。

图 8.6.6 创建的剪贴图层

（9）选择菜单栏中的 图像(I) → 调整(A) → 曲线(U)... 命令，对人物衣服的整体颜色进行调整，将脸部颜色与衣服颜色都调淡一些。

（10）为了使外面衣服的颜色和里面衣服相融合，并带有一定的亮度，可使用减淡工具在外套衣服上进行涂抹，最终效果如图 8.6.1 所示。

小　结

通过对本章的学习，读者应掌握路径的概念、路径的创建和编辑等基本操作，并能够对所创建的路径和形状进行各种操作。

过关练习八

一、填空题

1．路径是由_____线条构成的图形，路径是不可打印的_____图。

2．在 Photoshop CS4 中，路径的创建和编辑工具包括_____、_____、_____、删除锚点工具、_____、_____和直接选择工具 7 种。

3．在 Photoshop CS4 中，绘制形状的工具包括_____、_____、_____、_____、_____和_____6 种。

4．将鼠标指针移动到路径的起点处，当指针变为 形状时，单击鼠标左键即可创建

_____的路径。

5. 使用_____工具可以随意绘制曲线，还可以对图像进行描边，尤其适用于创建精确的图像路径。

二、选择题

1. 单击"路径"面板底部的（ ）按钮，可以直接使用前景色填充路径。

A.   B.

C. D.

2. 要将当前的路径转换为选区，可单击路径面板底部的（ ）按钮。

A. B.

C. D.

3. 选择路径选择工具后，再选中要复制的路径，然后在按住（ ）键的同时单击并拖动鼠标，即可复制路径。

A. Shift B. Alt

C. Delete D. Ctrl

4. 按（ ）键，可在图像中隐藏或显示路径。

A. Ctrl+B B. Alt+B

C. Ctrl+H D. Alt+H

5. 不能直接进行剪切操作的路径是（ ）。

A. 工作路径和普通路径 B. 工作路径

C. 普通路径 D. 以上都不对

三、简答题

1. 简述光滑点和角点的区别。

2. 简述路径与选区的转换方法。

3. 简述路径 4 个组件之间的关系，以及两类不同类型锚点的特征。

四、上机操作题

1. 在图像中创建一个路径，练习利用添加、删除和转换锚点工具对其进行调整。

2. 打开一幅图像文件，利用本章所学的内容制作如题图 8.1 所示的效果。

原图 效果图

题图 8.1

第9章 文本的处理

在 Photoshop 中，用户可以在图像的任何位置创建横排或直排的文字。本章主要介绍在 Photoshop CS4 中处理文字的一些方法。

本章重点

（1）输入文本
（2）设置文本格式
（3）编辑文本

9.1 输 入 文 本

在 Photoshop CS4 中可以使用工具箱中的横排文字工具、直排文字工具、横排文字蒙版工具与直排文字蒙版工具来输入文字，其输入文字的方式有两种，即点文字与段落文字。当输入文字时，在"图层"面板中会自动生成一个新的文字图层。

9.1.1 输入点文字

点文字的输入方式是在图像中输入单独的文本，即一个字或一行字符。输入点文字时，可通过回车键换行，然后再继续输入点文字。

右键单击工具箱中的"横排文字工具"按钮 T，可弹出隐藏的文字工具组，如图 9.1.1 所示。

从中选择相应的文字工具，可在图像中输入文字。如果单击"直排文字蒙版工具"按钮，在图像中可输入文字的选区，如图 9.1.2 所示。

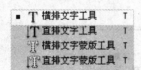

图 9.1.1 文字工具组　　　　图 9.1.2 使用直排文字蒙版工具输入文字选区

单击工具箱中的"横排文字工具"按钮 T，其属性栏如图 9.1.3 所示。

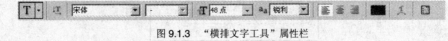

图 9.1.3 "横排文字工具"属性栏

在 宋体 下拉列表中可以选择文字的字体，在 48点 下拉列表中可选择字体大小或直接输入数值来设置字体的大小，在 ^aa 锐利 ▼ 下拉列表中可选择消除锯齿的选项。

在属性栏中设置好所输文字的字体、字号以及颜色后，将鼠标指针移至图像中单击，以确定文字输入位置，此时图像中会显示一个闪烁光标，输入文字内容即可，如图 9.1.4 所示。

> **技巧** 输入文字后，按住"Ctrl"键的同时拖动输入的文字，可调整文字的位置。

文字内容输入完成后，在属性栏中单击"提交所有当前编辑"按钮 ✓，即可完成输入；如果单击属性栏中的"取消所有当前编辑"按钮 ⊘，即可取消输入操作，此时，在图层面板中会自动生成一个新的文字图层，如图 9.1.5 所示。

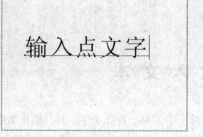

图 9.1.4　输入文字　　　　图 9.1.5　图层面板中的文字图层

使用横排文字蒙版工具或直排文字蒙版工具在图像中单击时，不会自动创建文字图层，可为图像创建一层蒙版。在这种状态下输入文字后，再使用工具箱中的任何工具或单击属性栏中的"提交所有当前编辑"按钮 ✓，此时输入的文字将自动转换为选区，用户就可以将转换后的选区像普通选区一样进行填充、移动、描边、添加阴影等操作。

9.1.2　输入段落文字

如果要输入大量的文字内容，可以通过 Photoshop CS4 中提供的段落文本框来完成。输入段落文字时，其文字会基于定界框的尺寸进行自动换行，也可以根据需要自由调整定界框的大小，还可以使用定界框旋转、缩放与斜切文字。

单击工具箱中的"横排文字工具"按钮 T，在图像中拖动鼠标创建一个文本定界框，然后在该文本定界框中输入文字，就可以创建自动换行的段落文字，如图 9.1.6 所示。当然，也可以根据段落文字的内容进行分段。输入完成后，单击属性栏中的"提交所有当前编辑"按钮 ✓，可确认输入的段落文字。

图 9.1.6　输入段落文字

将鼠标指针移至文本定界框四周的控制点上，按住鼠标左键并拖动，可对定界框进行旋转、缩放等操作，如图 9.1.7 所示。

图 9.1.7　旋转与缩放定界框

技巧 将鼠标指针移至定界框内，按住"Ctrl"键的同时使用鼠标拖动定界框，可调整该定界框的位置。

9.2　设置文本格式

在 Photoshop CS4 中，输入点文字或段落文字后，都要使用 字符 与 段落 面板来设置字体类型、大小、粗细、颜色、字距微调、字距调整、基线移动及对齐等其他字符属性，也可以在输入文字之前设置好其属性，还可以对输入的文字重新设置属性，更改它们的外观。

9.2.1　设置字符格式

在 Photoshop CS4 中进行文字处理时，不管是在输入文字前还是输入文字后，都可以对文字格式进行精确设置，如更改字体，设置字符的大小、字距、颜色、行距、两个字符之间的字距、所选字符的字距以及进行水平缩放等操作。

1．显示字符面板

在默认设置下，字符 面板显示在 Photoshop CS4 窗口的右侧。如果在 Photoshop CS4 中没有显示出此面板，选择菜单栏中的 窗口(W) → 字符 命令，即可打开 字符 面板，如图 9.2.1 所示。

图 9.2.1　字符面板

2．设置字体

设置字体的操作步骤如下：

（1）使用工具箱中的文字工具在图像中输入文字（点文字或段落文字），如图 9.2.2 所示。然后按住鼠标左键并拖动，选择输入的文字，

（2）在 字符 面板左上角单击设置字体下拉列表框，可从弹出的下拉列表中选择需要的字体，所选择的文字字体将会随之改变，如图 9.2.3 所示。

图 9.2.2　输入的文字　　　　　　　　　　图 9.2.3　改变字体

3．改变字体大小

设置字体大小的操作步骤如下：

（1）选择要设置字体大小的文字。

（2）在 字符 面板中的 T|36点|▼ 下拉列表框中选择数值或直接输入数值，即可改变所选文字的大小，如图 9.2.4 所示。

图 9.2.4　改变字体大小前后效果对比

4．调整行距

行距是两行文字之间的基线距离。Photoshop CS4 中的默认行距为自动，在字符面板中单击 |(自动)|▼ 下拉列表，从弹出的下拉列表中选择需要的行距数值，也可直接输入行距数值来改变所选文字行与行之间的距离，如图 9.2.5 所示。

图 9.2.5　改变行距前后效果对比

5. 调整字符间距

调整字符节间距的具体操作方法如下：

（1）在图像中输入文字后，选择要调整字符间距的文字，如图 9.2.6 所示。

（2）在 字符 面板中单击 AV 0 下拉列表框，从弹出的下拉列表中选择字符间距的数值，也可直接输入所需的字符间距数值，即可改变所选字符间的距离，如图 9.2.7 所示。

图 9.2.6　选择要调整字符间距的文字　　　　　图 9.2.7　改变字符间距

如果要对两个字符之间的距离进行微调，可使用文字工具在两个字符之间单击，然后在 字符 面板中单击 AV 右侧的下拉列表，从中选择所需的数值或直接输入数值即可。

6. 更改字符长宽比例

更改字符长宽比例的具体操作方法如下：

（1）输入文字后，选择要调整字符水平或垂直比例的文字。

（2）在 字符 面板中的垂直缩放 IT 100% 与水平缩放 T 100% 输入框中输入数值，即可对所选的文字进行缩放，如图 9.2.8 所示。

垂直与水平缩放　　　　　**垂直** 与水平缩放　　　　　垂直与 **水平** 缩放

　　（a）输入的文字　　　　　　（b）垂直缩小 50%　　　　　　（c）水平放大 200%

图 9.2.8　缩放文字

7. 偏移字符基线

移动字符基线，可以使字符根据所设置的参数上下偏移基线。在 字符 面板中的 A♯ 0点 输入框中输入数值，可使所选文字向上或向下偏移，如图 9.2.9 所示。输入的数值为正数时，文字向上偏移；输入的数值为负数时，文字向下偏移。

偏移字符基线　　　　　　　　偏移 字符 基线

图 9.2.9　使文字偏移基线

8. 设置字符颜色

在 Photoshop CS4 中输入文字前或输入文字后，都可对文字的颜色进行设置。具体的操作方法如下：

（1）选择想改变颜色的文字。

（2）在 字符 面板中单击 颜色: 右侧的颜色块，可弹出 选择文本颜色: 对话框，从中选择所需的颜色后，单击 确定 按钮，即可将文字颜色更改为所选的颜色。

9. 转换英文字符大小写

在 Photoshop CS4 中可以方便地转换英文字符大小写。具体操作方法如下：

（1）输入英文字母后，选择要改变大小写的英文字符。

（2）在 字符 面板中单击"全部大写字母"按钮 TT 或"小型大写字母"按钮 Tr，即可更改所选字符的大小写，如图 9.2.10 所示。

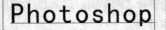 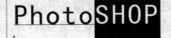 

（a）输入的字符　　　　　　　（b）改变为全部大写字母　　　　　（c）改变为小型大写字母

图 9.2.10　更改英文字符大小写

也可以在 字符 面板中单击右上角的三角按钮 ，从弹出的面板菜单中选择 全部大写字母(C) 或 小型大写字母(M) 命令，来改变所选英文字符的大小写。

在 字符 面板中单击"仿粗体"按钮 T，可将当前的文字加粗；单击"仿斜体"按钮 T，可将当前的文字倾斜；单击"上标"按钮 T，可将所选文字设置为上标文字；单击"下标"按钮 T，可将所选文字设置为下标文字；单击"下画线"按钮 T，可在选中的文字下方添加下画线；单击"删除线"按钮 T，可在所选文字的中间添加一条删除线。

9.2.2　设置段落格式

段落文字是在输入文字时，末尾带有回车符的任何范围的文字。对于点文字，一行就是一个单独的段落；而对于段落文字，一段中有多行。如果要设置段落文字的格式，可通过 段落 面板中的选项设置来实现。默认情况下，段落 与 字符 面板在一起，也可以通过选择菜单栏中的 窗口(W) → 段落 命令，或直接在文字工具属性栏中单击 按钮，即可打开 段落 面板，如图 9.2.11 所示。

1. 对齐和调整文字

在 Photoshop 中，用户可以将文字与段落一端对齐，也可以将文字与段落两端对齐，以达到整齐的视觉效果。

在 段落 面板或文字工具属性栏中，文字的对齐选项有：

（1）"左对齐文本"按钮 ：使点文字或段落文字左端对齐，右端参差不齐，如图 9.2.12 所示。

图 9.2.11　段落面板

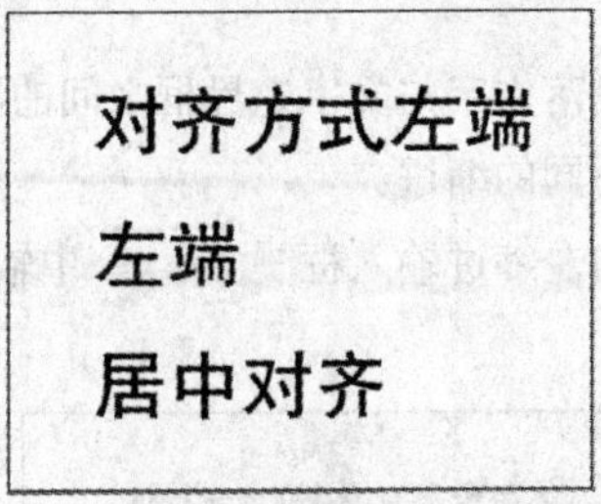

对齐方式左端

左端

居中对齐

图 9.2.12　左对齐文字

（2）"居中文本"按钮 ：使点文字或段落文字居中对齐，两端参差不齐，如图 9.2.13 所示。

（3）"右对齐文本"按钮 ：使点文字或段落文字右对齐，左端参差不齐，如图 9.2.14 所示。

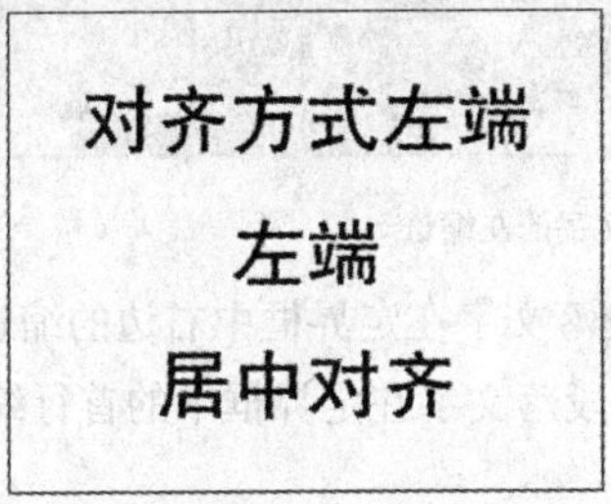

对齐方式左端

左端

居中对齐

图 9.2.13　居中对齐文字

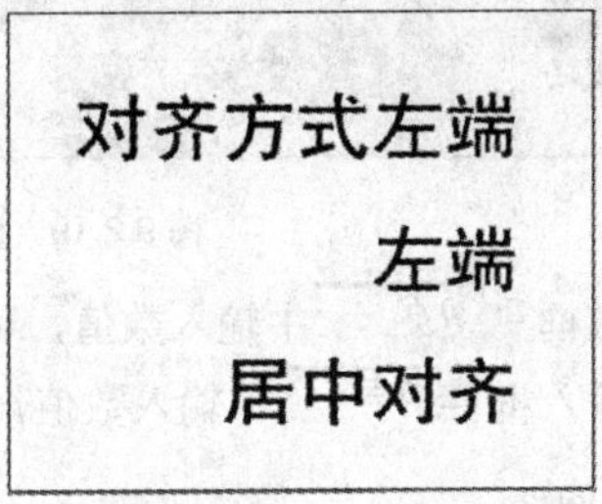

对齐方式左端

左端

居中对齐

图 9.2.14　右对齐文字

在 段落 面板或文字工具属性栏中，文字的段落对齐选项有：

（1）"最后一行左边对齐"按钮 ：可将段落文字最后一行左对齐，如图 9.2.15 所示。

（2）"最后一行居中对齐"按钮 ：可将段落文字最后一行居中对齐，如图 9.2.16 所示。

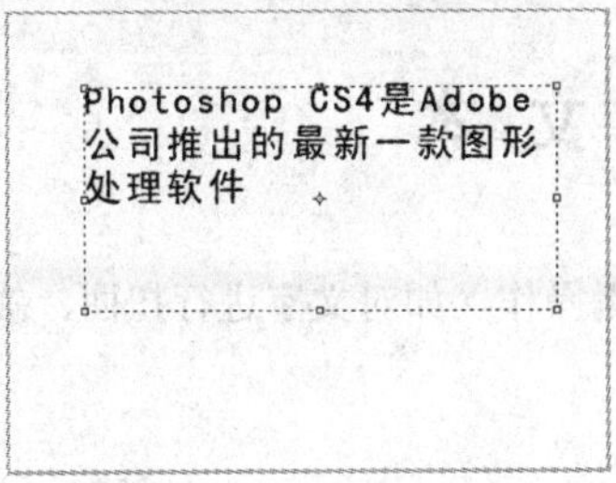

图 9.2.15　左对齐段落文字　　　　　　　图 9.2.16　居中对齐段落文字

（3）"最后一行右边对齐"按钮 ：可将段落文字最后一行右对齐，如图 9.2.17 所示。

（4）"全部对齐"按钮 ：可将段落文字最后一行强行全部对齐，如图 9.2.18 所示。

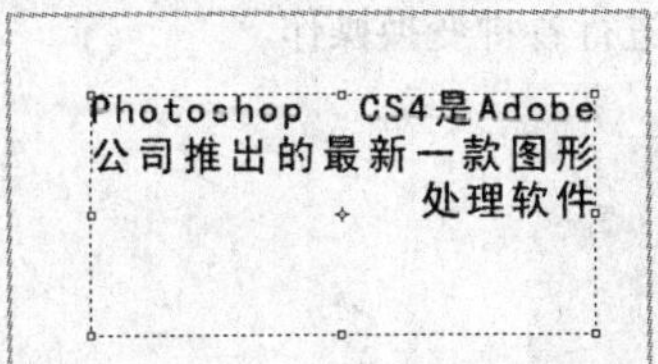

图 9.2.17　右对齐段落文字　　　　　　　图 9.2.18　全部对齐段落文字

提示 对齐文字选项适用于点文字与段落文字；对齐段落选项只适用于段落文字。

2. 段落缩进

段落缩进是指段落文字与文字定界框之间的距离。缩进只影响所选段落，因此，用户可以很容易地为多个段落设置不同的缩进。

在段落面板中的左缩进输入框 `+≡0点` 中输入数值，可设置段落文字在定界框中左边的缩进量，如图 9.2.19 所示。

图 9.2.19 设置段落文字的左缩进

在右缩进输入框 `≣+0点` 中输入数值，可设置段落文字在定界框中右边的缩进量。

在首行缩进输入框 `*≡0点` 中输入数值，可设置段落文字在定界框中的首行缩进量。

3. 更改段落间距

在段落面板中的段前添加空格输入框 `≣0点` 中输入数值，可设置所选段落文字与前一段文字之间的距离；在段后添加空格输入框 `₌≣0点` 中输入数值，可设置所选段落文字与后一段文字之间的距离。

9.3　编　辑　文　本

在设计作品时，可以对所输入的文字进行一些编辑操作（如对文字进行扭曲、斜切与变形等），使版面显得很活泼、生动，具有很强的视觉效果。

9.3.1　变换文字

如果要对创建的文字进行各种变换操作，可选择菜单栏中的 `编辑(E)` → `变换(A)` 命令，弹出其子菜单，如图 9.3.1 所示。从中选择相应的命令，可对文字进行各种变换操作。

图 9.3.1 "变换"子菜单

在图像中输入文字后，在此菜单中选择 斜切(K) 命令，即可为文字添加变换框，拖动变换框对文字进行变换，其效果如图 9.3.2 所示，按回车键可确认此变换操作。

图 9.3.2 斜切文字前后效果对比

在为文字添加了变换框之后，此时相应的属性栏如图 9.3.3 所示。

图 9.3.3 "变换工具"属性栏

在 ⊿ 0.0 度输入框中输入数值，可直接旋转文字到一定的角度。

在 H: 0.0 度输入框中输入数值，可设置文字的水平斜切角度。

在 V: 0.0 度输入框中输入数值，可设置文字的垂直斜切角度。

9.3.2 变形文字

在 Photoshop CS4 中还有一种非常方便的变形功能。使用此功能可以使所创建的点文字与段落文字产生各种各样的变形效果，也可对输入的字母进行弯曲变形。

如果要对文字进行各种变形操作，可在文字工具属性栏中单击"创建变形文本"按钮 ，即可弹出 变形文字 对话框，如图 9.3.4 所示。

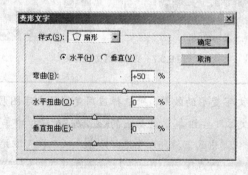

图 9.3.4 "变形文字"对话框

单击 样式(S): 下拉列表框 扇形 ，可从弹出的下拉列表中选择不同的文字变形样式。

选中 水平(H) 单选按钮，可对文字进行水平方向变形；选中 垂直(V) 单选按钮，可对文字进行垂直方向变形。

在 弯曲(B): 输入框中输入数值，可设置文字的水平与垂直弯曲程度。

在 水平扭曲(O): 与 垂直扭曲(E): 输入框中输入数值或拖动相应的滑块，可设置文字的水平与垂直扭曲程度。

打开一幅图像，在图像中输入文字，并自动生成文字图层，如图 9.3.5 所示。

图 9.3.5　输入的文字

在文字工具属性栏中单击 按钮，在弹出的 **变形文字** 对话框中设置参数，如图 9.3.6 所示。

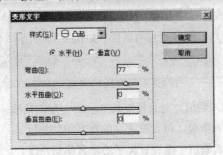

图 9.3.6　"变形文字"对话框

单击 确定 按钮，变形后的文字效果如图 9.3.7 所示。

图 9.3.7　变形后的文字效果

> **提示**　如果要取消文字变形的效果，可选择应用变形的文字图层，在文字工具属性
> 栏中单击"变形文本"按钮 ，在弹出的 **变形文字** 对话框中单击 **样式(S):** 下拉列表
> 框 扇形 ，从弹出的下拉列表中选择 无 选项，即可取消文字的变形效果。

9.3.3　更改文字的排列方式

在 Photoshop CS4 中可以将文字进行垂直排列或水平排列。当文字图层垂直时，文字行上下排列；当文字图层水平时，文字行左右排列。

如果要更改文字的垂直与水平排列方式，可选择要更改的文字图层，然后选择菜单栏中的 **图层(L)** → **文字** → **水平(H)** 或 **垂直(V)** 命令，就可以在垂直与水平排列方式之间互换，其效果如图 9.3.8 所示。

图 9.3.8　更改文字排列方式

9.3.4　将点文字转换为段落文字

在 Photoshop CS4 中，可以将输入的点文字转换为段落文字，也可将段落文字转换为点文字。

在图像中输入点文字，选择菜单栏中的 图层(L) → 文字 → 转换为段落文本(P) 命令，即可转换点文字为段落文字，如图 9.3.9 所示。

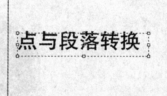

图 9.3.9　转换点文字为段落文字

将点文字转换为段落文字后，转换为段落文本(P) 命令将显示为 转换为点文本(P) 命令。

9.3.5　将文字转换为选区

在 Photoshop CS4 中，有时要将文字转换为选区，再进行编辑处理，可以创作出特殊的文字效果。其具体的操作方法如下：

（1）在图层面板中选择要转换的文字图层。

（2）按住 "Ctrl" 键的同时，在图层面板中单击文字图层列表前的缩略图，就可将文字图层转换为选区，如图 9.3.10 所示。

图 9.3.10　将文字图层转换为选区

9.3.6 将文字转换为路径

在 Photoshop CS4 中，可以将文字转换为工作路径，转换后的工作路径就可以像其他路径一样存储并进行其他路径的操作。另外，转换后的工作路径不会影响原来的文字图层。

选择文字图层后，选择菜单栏中的 图层(L) ➡ 文字 ➡ 创建工作路径(C) 命令，即可将文字转换为工作路径，如图 9.3.11 所示。

图 9.3.11　创建工作路径

如果要移动创建的路径，可单击工具箱中的"路径选择工具"按钮 ▶，选择路径并按住鼠标左键拖动，如图 9.3.12 所示。

图 9.3.12　移动路径

9.4　典型实例——制作质感文字

本节使用本章所学的内容制作质感文字效果，最终效果如图 9.4.1 所示。

图 9.4.1　最终效果图

创作步骤

（1）新建一幅图像文件，单击工具箱中的"横排文字工具"按钮 T，在属性栏中设置好字体与字号后，在图像中输入如图 9.4.2 所示的文字。

（2）在文字工具属性栏中单击"创建变形文本"按钮 ，从弹出的 变形文字 对话框中设置文字变形的样式，单击 确定 按钮，效果如图 9.4.3 所示。

图 9.4.2 输入文字

图 9.4.3 变形后的文字

（3）在文字图层上单击鼠标右键，从弹出的快捷菜单中选择 栅格化文字 命令，将文字图层转换为普通图层。

（4）对转换后的文字图层使用喷溅滤镜，效果如图 9.4.4 所示。

（5）为文字添加斜面和浮雕样式，效果如图 9.4.5 所示。

图 9.4.4 使用喷溅滤镜后的效果

图 9.4.5 添加斜面和浮雕效果

（6）确认背景层为当前图层，设置前景色为白色、背景色为黄色，使用渐变工具在图像中从左上向右下拖动鼠标填充白色到黄色的渐变，最终效果如图 9.4.1 所示。

小　　结

本章重点介绍了 Photoshop CS4 的文字编辑功能。使用文字工具可以完成任何复杂的文字编辑，并且可以为文字添加各种纹理和特殊效果。通过本章的学习，读者应该熟练掌握文字的各种编辑方法，并灵活运用文字工具创建出特殊的文字效果。

过关练习九

一、填空题

1. 在 Photoshop CS4 中可以使用工具箱中的_____工具、_____工具、_____工具与_____工具来输入文字。

2. 输入文字的方式有两种，即_____与_____。

3. 文字的排列方式有两种，即_____和_____排列。

4. 段落缩进是指_____文字与_____之间的距离。

5. 选择_____命令，可将文字图层转换为普通图层。

二、选择题

1. 要为文字四周添加变形框，可以按（　）键。

    A. Ctrl+Alt+1   B. Ctrl+T

    C. Alt+T   D. Shift+T

2. 输入文字后，按住（　）键的同时拖动输入的文字，可调整文字的位置。

    A. Alt   B. Shift

    C. Ctrl   D. Shift+Ctrl

3. 按（　）键可在 4 个文字工具之间相互进行切换。

    A. Ctrl+W   B. Shift+I

    C. Ctrl+J   D. Shift+T

4. 在选中文字图层且启动文字工具的情况下，显示文字定界框的方法是（　）。

    A. 在图像中的文本中单击   B. 在图像中的文本中双击

    C. 按 Ctrl 键   D. 使用选择工具

5. 使用（　）工具输入文字后，在文字工具属性栏中单击✓按钮，可转换文字为选区。

    A. 直排文字   B. 所有文字工具

    C. 横排文字蒙版   D. 横排文字

三、简答题

1. 如何调整段落文本的间距？

2. 如何将段落文字转换为点文字？

四、上机操作题

1. 用文字工具在图像中输入点文字，再分别将其转换为工作路径、选区与段落文字。

2. 利用工具箱中的文字工具、文字变形效果制作如题图 9.1 所示的文字效果。

3. 在图像中输入点文字，为其制作如题图 9.2 所示的效果。

       题图 9.1   题图 9.2

第 10 章　滤镜的应用

滤镜是 Photoshop 中用于创建图像特殊效果的一个强大工具。使用滤镜不仅可以帮助用户对图像进行模糊、锐化和亮度处理，还可以使图像产生各种各样的艺术效果，如水彩画、马赛克、风吹、波浪以及浮雕等。本章将介绍滤镜的基础知识和一些常用滤镜命令的使用方法和技巧。

本章重点

（1）滤镜的基础知识
（2）基本滤镜的应用
（3）智能滤镜的应用
（4）插件滤镜的应用

10.1　滤镜的基础知识

Photoshop 中提供了近百种滤镜，它们都包含在 滤镜(I) 菜单中，利用滤镜可以为图像添加各种特效。滤镜的使用方法与其他工具有一些差别，下面先对相关的事项进行介绍。

（1）上一次选取的滤镜将出现在菜单顶部，按"Ctrl+F"键，可以快速重复使用该滤镜，若要使用新的设置选项，则要在对话框中进行设置。

（2）按"Esc"键，可以放弃当前正在应用的滤镜。

（3）按"Ctrl+Z"键，可以还原滤镜的操作。

（4）按"Ctrl+Alt+F"键，可以显示出最近应用的滤镜对话框。

（5）滤镜可以应用于可视图层。

（6）不能将滤镜应用于位图模式或索引颜色的图像。

（7）有些滤镜只对 RGB 图像产生作用。

在为图像添加滤镜效果时，通常会占用计算机系统的大量内存，用户可以使用如下方法进行优化。

（1）在处理大图像时，先在图像局部添加滤镜效果。

（2）如果图像很大，且有内存不足的问题，可以将滤镜效果应用于图像的单个通道。

（3）关闭其他应用程序，以便为 Photoshop 提供更多的可用内存。

（4）如果要打印黑白图像，最好在应用滤镜之前，先将图像的一个副本转换为灰度图像。

如果将滤镜应用于彩色图像后再转换为灰度，则所得到的效果可能与将该滤镜直接应用于此图像的灰度图的效果不同。

10.2　风格化滤镜组

风格化滤镜通过置换图像中的像素以及通过查找增加图像的对比度，可使图像产生多种风格化效果。选择 滤镜(I) → 风格化 命令，可弹出如图 10.2.1 所示的风格化滤镜子菜单。

图 10.2.1　风格化滤镜子菜单

10.2.1　扩散

利用扩散滤镜命令可使图像产生不同色彩颗粒向外扩散的效果。具体的使用方法如下：

（1）选择 滤镜(T) → 风格化 → 扩散... 命令，弹出"扩散"对话框。

（2）在 模式 选项中可选择要进行扩散的位置，包括 ⊙ 正常(N) 、⊙ 变暗优先(D) 、⊙ 变亮优先(L) 和 ⊙ 各向异性(A) 4 个单选按钮。

（3）设置完成后，单击 确定 按钮，效果如图 10.2.2 所示。

图 10.2.2　应用扩散滤镜效果

10.2.2　风

利用风滤镜命令可在图像中制作各种风吹效果。其具体的使用方法如下：

（1）选择 滤镜(T) → 风格化 → 风... 命令，弹出"风"对话框。

（2）在 方法 选项中可设置风力的大小，包括 ⊙ 风(W) 、⊙ 大风(B) 和 ⊙ 飓风(S) 3 个单选按钮；在 方向 选项中可设置风吹的方向，包括 ⊙ 从右(R) 和 ⊙ 从左(L) 两个单选按钮。

（3）设置完成后，单击 确定 按钮，效果如图 10.2.3 所示。

图 10.2.3　应用风滤镜效果

10.2.3　浮雕效果

浮雕效果滤镜通过勾画图像或选区的轮廓和降低周围色值来生成浮雕图像效果。其具体的使用方法如下：

（1）选择 滤镜(I) → 风格化 → 浮雕效果... 命令，弹出"浮雕效果"对话框。

（2）在 角度(A): 文本框中输入数值，可设置光线照射的方向；在 高度(H): 文本框中输入数值，可设置凸出的高度；在 数量(M): 文本框中输入数值，可设置凸出部分细节的百分比。

（3）设置完成后，单击 确定 按钮，效果如图 10.2.4 所示。

图 10.2.4 应用浮雕滤镜效果

10.2.4 查找边缘

利用查找边缘滤镜命令可将图像边缘的色彩反转并且高亮度显示，从而产生一种用铅笔勾勒轮廓的效果。其具体的使用方法如下：

选择 滤镜(I) → 风格化 → 查找边缘 命令，执行该命令时不弹出任何对话框，直接将效果应用到图像中，效果如图 10.2.5 所示。

图 10.2.5 应用查找边缘滤镜效果

10.3 画笔描边滤镜组

画笔描边滤镜可使用不同的画笔和油墨描边效果创造出绘画效果的外观。此滤镜组中的滤镜可为图像添加喷溅、喷色描边、成角的线条以及烟灰墨，从而获得点状化效果。选择 滤镜(I) → 画笔描边 命令，可弹出如图 10.3.1 所示的画笔描边滤镜子菜单。

图 10.3.1 画笔描边滤镜子菜单

10.3.1　喷溅

喷溅滤镜命令是利用图像本身的颜色来产生喷溅效果，类似于用水在画面上喷溅、浸润的效果。其具体的使用方法如下：

（1）选择 滤镜(T) → 画笔描边 → 喷溅... 命令，弹出"喷溅"对话框。

（2）在 喷色半径(R) 文本框中输入数值，可设置喷溅的范围；在 平滑度(S) 文本框中输入数值，可设置喷溅效果的平滑程度。

（3）设置完成后，单击 确定 按钮，效果如图 10.3.2 所示。

图 10.3.2　应用喷溅滤镜效果

10.3.2　墨水轮廓

利用墨水轮廓滤镜可在图像中建立黑色油墨的喷溅效果。其具体的使用方法如下：

（1）选择 滤镜(T) → 画笔描边 → 墨水轮廓... 命令，弹出"墨水轮廓"对话框。

（2）在 描边长度(S) 文本框中输入数值，可以设置画笔描边的线条长度；在 深色强度(D) 文本框中输入数值，可以设置黑色油墨的强度；在 光照强度(L) 文本框中输入数值，可以设置图像中浅色区域的光照强度。

（3）设置完成后，单击 确定 按钮，效果如图 10.3.3 所示。

图 10.3.3　应用墨水轮廓滤镜效果

10.3.3　强化的边缘

利用强化的边缘滤镜命令可以强化勾勒图像的边缘，使图像边缘产生荧光效果。其具体的使用方法如下：

（1）选择 滤镜(T) → 画笔描边 → 强化的边缘... 命令，弹出"强化的边缘"对话框。

（2）在 边缘宽度(W) 文本框中输入数值，可设置要强化的边缘宽度；在 边缘亮度(B) 文本框中输入数值，可设置边缘的明亮程度；在 平滑度(S) 文本框中输入数值，可设置图像效果的平滑程度。

（3）设置完成后，单击 确定 按钮，效果如图 10.3.4 所示。

图 10.3.4 应用强化的边缘滤镜效果

10.3.4 烟灰墨

利用烟灰墨滤镜命令可在图像上产生一种类似于用黑色墨水在宣纸上绘画的效果。其具体使用方法如下：

（1）选择 滤镜(T) → 画笔描边 → 烟灰墨... 命令，弹出"烟灰墨"对话框。

（2）在 描边宽度(S) 文本框中输入数值，可设置要描边边缘的宽度；在 描边压力(P) 文本框中输入数值，可设置图像中产生的黑色数值；在 对比度(C) 文本框中输入数值，可设置图像效果的对比度。

（3）设置完成后，单击 确定 按钮，效果如图 10.3.5 所示。

图 10.3.5 应用烟灰墨滤镜效果

10.4 模糊滤镜组

模糊滤镜可以柔化选区或图像，使用它不仅能起到修饰的作用，还可以模拟物体运动的效果。该组滤镜通过平衡图像中已定义的线条，遮蔽清晰边缘旁边的像素，使图像变化显得柔和。选择 滤镜(T) → 模糊 命令，可弹出如图 10.4.1 所示的模糊滤镜了菜单。

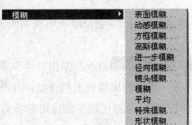

图 10.4.1 模糊滤镜子菜单

10.4.1　动感模糊

利用动感模糊滤镜可使图像产生任意角度的动态模糊效果。其具体的使用方法如下：

（1）选择 滤镜(T) → 模糊 → 动感模糊... 命令，弹出"动感模糊"对话框。

（2）在 角度(A): 文本框中输入数值，可设置模糊的角度；在 距离(D): 文本框输入数值，可设置产生动感模糊的强度。

（3）设置完成后，单击 确定 按钮，效果如图 10.4.2 所示。

图 10.4.2　应用动感模糊滤镜效果

10.4.2　径向模糊

利用径向模糊滤镜命令可产生旋转模糊或放射状的动态模糊效果。其具体的使用方法如下：

（1）选择 滤镜(T) → 模糊 → 径向模糊... 命令，弹出"径向模糊"对话框。

（2）在 数量(A) 文本框中输入数值，设置图像产生模糊效果的强度，输入数值范围为 1～100；在 模糊方法: 选项区中选择模糊的方法；在 品质: 选项区中选择生成模糊效果的质量。

（3）设置完成后，单击 确定 按钮，效果如图 10.4.3 所示。

图 10.4.3　应用径向模糊滤镜效果

10.4.3　特殊模糊

利用特殊模糊滤镜命令可精确地模糊图像，它是唯一不模糊图像轮廓的模糊方式。其具体的使用方法如下：

（1）选择 滤镜(T) → 模糊 → 特殊模糊... 命令，弹出"特殊模糊"对话框。

（2）在 半径 文本框中输入数值，可设置模糊效果的强度；在 阈值 文本框中输入数值，可设置相邻像素之间的差别；在 品质: 下拉列表中可选择模糊图像效果的质量；在 模式: 下拉列表中可选择特殊模糊的模糊方式。

（3）设置完成后，单击 确定 按钮，效果如图 10.4.4 所示。

图 10.4.4　应用特殊模糊滤镜效果

10.4.4　高斯模糊

高斯模糊滤镜命令可通过设置不同的数值，来有选择地快速模糊图像。其具体的使用方法如下：

（1）选择 滤镜(T) → 模糊 → 高斯模糊... 命令，弹出"高斯模糊"对话框。

（2）在 半径(R): 文本框中输入数值，可设置模糊效果的强度。

（3）设置完成后，单击 确定 按钮，效果如图 10.4.5 所示。

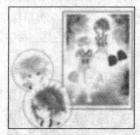

图 10.4.5　应用高斯模糊滤镜效果

10.5　扭曲滤镜组

扭曲滤镜组可以对图像进行扭曲变形等操作，从而产生特殊的效果，此滤镜是一组功能强大的滤镜。选择菜单栏中的 滤镜(T) → 扭曲 命令，其子菜单如图 10.5.1 所示。下面对主要滤镜进行介绍。

图 10.5.1　扭曲滤镜子菜单

10.5.1　旋转扭曲

利用旋转扭曲滤镜命令可对图像进行顺时针或逆时针旋转扭曲。其具体的使用方法如下：

（1）选择 滤镜(T) → 扭曲 → 旋转扭曲... 命令，弹出"旋转扭曲"对话框。

（2）在 角度(A) 文本框中输入数值，可设置图像旋转的角度。

（3）设置完成后，单击 确定 按钮，效果如图 10.5.2 所示。

图 10.5.2　应用旋转扭曲滤镜效果

10.5.2　极坐标

利用极坐标滤镜命令可使图像产生极度的扭曲效果。其具体的使用方法如下：

（1）选择 滤镜(T) → 扭曲 → 极坐标... 命令，弹出"极坐标"对话框。

（2）选中 平面坐标到极坐标(R) 单选按钮，图像将从平面坐标系转换到极坐标系。选中 极坐标到平面坐标(P) 单选按钮，图像将从极坐标系转换到平面坐标系。

（3）设置完成后，单击 确定 按钮，效果如图 10.5.3 所示。

图 10.5.3　应用极坐标滤镜效果

10.5.3　球面化

球面化滤镜命令可在水平方向和垂直方向上对图像进行球面化处理。其具体的使用方法介绍如下：

（1）选择 滤镜(T) → 扭曲 → 球面化... 命令，弹出"球面化"对话框。

（2）在 数量(A) 文本框中输入数值，可设置球面凸出的形状；在 模式 下拉列表中可选择球面化方向的模式，包括 正常 、 水平优先 和 垂直优先 3 个选项。

（3）设置完成后，单击 确定 按钮，效果如图 10.5.4 所示。

图 10.5.4　应用球面化滤镜效果

10.5.4 扩散亮光

扩散亮光滤镜命令是利用图像亮度产生荧光效果，就像给图像中添加了透明的白色杂点。其具体的使用方法如下：

（1）选择 滤镜(I) → 扭曲 → 扩散亮光... 命令，弹出"扩散亮光"对话框。

（2）在 粒度(G) 文本框中输入数值，可设置添加颗粒的数量；在 发光量(L) 文本框中输入数值，可设置图像中发光的程度；在 清除数量(C) 文本框中输入数值，可设置图像中较暗区域的发光程度。

（3）设置完成后，单击 确定 按钮，效果如图 10.5.5 所示。

图 10.5.5 应用扩散亮光滤镜效果

10.5.5 切变

利用切变滤镜命令可以使图像在垂直方向沿着设定的曲线进行扭曲。其具体的使用方法如下：

（1）选择 滤镜(I) → 扭曲 → 切变... 命令，弹出"切变"对话框。

（2）选中 折回(W) 单选按钮，图像中溢出去的图像会在相反方向的位置显示出来。选中 重复边缘像素(R) 单选按钮，图像中溢出去的图像不会在相反方向的位置上显示出来。

（3）设置完成后，单击 确定 按钮，效果如图 10.5.6 所示。

图 10.5.6 应用切变滤镜效果

10.5.6 水波

利用水波滤镜命令可使图像产生各种不同的波纹效果，就像将石头投入水中时产生的涟漪。其具体的使用方法如下：

（1）选择 滤镜(I) → 扭曲 → 水波... 命令，弹出"水波"对话框。

（2）在 数量(A) 文本框中输入数值，可设置产生的波纹数量；在 起伏(R) 文本框中输入数值，可设置波纹向外凸出的效果；在 样式(S) 下拉列表中可选择水波的样式。

（3）设置完成后，单击 确定 按钮，效果如图 10.5.7 所示。

图 10.5.7　应用水波滤镜效果

10.5.7　玻璃

利用玻璃滤镜可产生一种透过不同玻璃观看图像的效果。其具体的使用方法如下：

（1）选择 滤镜(T) → 扭曲 → 玻璃... 命令，弹出"玻璃"对话框。

（2）在 扭曲度(D) 文本框中输入数值，可设置图像的扭曲程度；在 平滑度(M) 文本框中输入数值，可设置玻璃的平滑程度；在 纹理(T): 下拉列表中可选择不同类型的玻璃纹理；在 缩放(S) 文本框中输入数值，可设置玻璃纹理的缩放比例；选中 ☑ 反相(I) 复选框，应用时可将图像中的玻璃纹理向相反的方向进行处理。

（3）设置完成后，单击 确定 按钮，效果如图 10.5.8 所示。

图 10.5.8　应用玻璃滤镜效果

10.6　像素化滤镜组

像素化滤镜主要用来将图像分块或将图像平面化，将图像中颜色相近的像素连接，形成相近颜色的像素块。选择菜单栏中的 滤镜(T) → 像素化 命令，其子菜单如图 10.6.1 所示。下面对主要滤镜进行介绍。

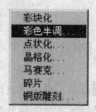

彩块化
彩色半调...
点状化...
晶格化...
马赛克...
碎片
铜版雕刻...

图 10.6.1　像素化滤镜子菜单

10.6.1 彩色半调

利用彩色半调滤镜命令可使图像产生彩色网点状的半调效果。其具体的使用方法如下：

（1）选择 `滤镜(T)` → `像素化` → `彩色半调...` 命令，弹出"彩色半调"对话框。

（2）在 `最大半径(R):` 文本框中输入数值，可设置产生网点的最大半径值；在 `网角(度):` 选项中可设置各个颜色通道中的网点角度。

（3）设置完成后，单击 `确定` 按钮，效果如图 10.6.2 所示。

图 10.6.2 应用彩色半调滤镜效果

10.6.2 晶格化

利用晶格化滤镜命令可将图像中邻近的像素组合起来形成纯色多边形效果。其具体的使用方法如下：

（1）选择 `滤镜(T)` → `像素化` → `晶格化...` 命令，弹出"晶格化"对话框。

（2）在 `单元格大小(C)` 文本框中输入数值，可设置形成多边形的大小尺寸。

（3）设置完成后，单击 `确定` 按钮，效果如图 10.6.3 所示。

图 10.6.3 应用晶格化滤镜效果

10.6.3 点状化

利用点状化滤镜命令可将图像中的颜色分散成随机分布的网点。其具体的使用方法如下：

（1）选择 `滤镜(T)` → `像素化` → `点状化...` 命令，弹出"点状化"对话框。

（2）在 `单元格大小(C)` 文本框中输入数值，可设置产生的网点的尺寸大小。

（3）设置完成后，单击 确定 按钮，效果如图 10.6.4 所示。

图 10.6.4　应用点状化滤镜效果

10.6.4　马赛克

利用马赛克滤镜命令可使图像产生类似于用像素拼出的图案效果。其具体的使用方法如下：

（1）选择 滤镜(T) → 像素化 → 马赛克... 命令，弹出"马赛克"对话框。

（2）在 单元格大小(C) 文本框中输入数值，可设置产生的像素点的尺寸大小。

（3）设置完成后，单击 确定 按钮，效果如图 10.6.5 所示。

图 10.6.5　应用马赛克滤镜效果

10.7　艺术效果滤镜组

艺术效果滤镜仅限于 RGB 颜色模式和多通道颜色模式的图像，而不能应用在 CMYK 或 Lab 模式的图像中。这些滤镜可以带来各种各样的艺术效果，可独立发挥作用，也可配合其他滤镜效果使用，以取得理想的效果。选择菜单栏中的 滤镜(T) → 艺术效果 命令，可弹出如图 10.7.1 所示的艺术效果滤镜子菜单。

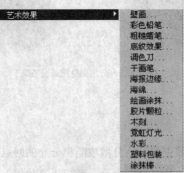

图 10.7.1　艺术效果滤镜子菜单

10.7.1　海报边缘

海报边缘滤镜命令可根据设置的海报化选项来减少图像中的颜色数量，查找图像的边缘，并在上面绘制黑线。具体的使用方法如下：

（1）选择 `滤镜(T)` → `艺术效果` → `海报边缘` 命令，弹出"海报边缘"对话框。

（2）在 `边缘厚度(E)` 文本框中输入数值，可设置边缘的宽度；在 `边缘强度(I)` 文本框中输入数值，可设置边缘的可见程度；在 `海报化(P)` 文本框中输入数值，可设置颜色在图像上的渲染效果。

（3）设置完成后，单击 `确定` 按钮，效果如图 10.7.2 所示。

图 10.7.2　应用海报边缘滤镜效果

10.7.2　塑料包装

塑料包装滤镜可以使图像产生一种表面质感很强的塑料包装效果，使处理后的图像看上去具有鲜明的立体感。具体的使用方法如下：

（1）打开一幅图像文件，选择菜单栏中的 `滤镜(T)` → `艺术效果` → `塑料包装` 命令，弹出"塑料包装"对话框。

（2）在 `高光强度(H)` 文本框中输入数值，可设置塑料包装效果中高亮度点的亮度；在 `细节(D)` 文本框中输入数值，可设置产生效果的细节复杂程度；在 `平滑度(S)` 文本框中输入数值，可设置产生塑料包装效果的光滑度。

（3）设置完成后，单击 `确定` 按钮，效果如图 10.7.3 所示。

图 10.7.3　应用塑料包装滤镜效果

10.7.3　壁画

利用壁画滤镜命令可使图像产生一种在墙壁上画水彩画的效果，该滤镜具体的使用方法如下：

（1）选择菜单栏中的 `滤镜(T)` → `艺术效果` → `壁画` 命令，弹出"壁画"对话框。

（2）在 画笔大小(B) 文本框中输入数值，可设置画笔的尺寸大小；在 画笔细节(D) 文本框中输入数值，可设置画笔的粗糙程度；在 纹理(T) 文本框中输入数值，可设置画笔纹理凸现程度。

（3）设置完成后，单击 确定 按钮，效果如图 10.7.4 所示。

图 10.7.4　应用壁画滤镜效果

10.7.4　彩色铅笔

利用彩色铅笔滤镜命令可使图像产生一种用彩色铅笔在纯色背景上绘画的效果。具体的使用方法如下：

（1）选择 滤镜(T) → 艺术效果 → 彩色铅笔... 命令，弹出"彩色铅笔"对话框。

（2）在 铅笔宽度(P) 文本框中输入数值，可调整画笔的笔触宽度和密度；在 描边压力(S) 文本框中输入数值，可设置画笔的力度；在 纸张亮度(B) 文本框中输入数值，可设置作用于图层中图像的亮度。

（3）设置完成后，单击 确定 按钮，效果如图 10.7.5 所示。

图 10.7.5　应用彩色铅笔滤镜效果

10.7.5　粗糙蜡笔

粗糙蜡笔滤镜命令可使图像产生一种像是用彩色蜡笔在有纹理的背景上描边的效果。具体的使用方法如下：

（1）选择 滤镜(T) → 艺术效果 → 粗糙蜡笔... 命令，弹出"粗糙蜡笔"对话框。

（2）在 描边长度(D) 文本框中输入数值，可设置描边笔画的长度；在 描边细节(D) 文本框中输入数值，可设置描边笔画的细腻程度；在 纹理(T) 下拉列表中可选择不同的纹理；在 缩放(S) 文本中输入数值，可设置纹理的缩放比例；在 凸现(R) 文本框中输入数值，可设置纹理的凸现程度。

（3）设置完成后，单击 确定 按钮，效果如图 10.7.6 所示。

图 10.7.6 应用粗糙蜡笔滤镜效果

10.7.6 海绵

利用海绵滤镜命令可使图像产生一种带有强烈对比色纹理的效果，像是用海绵在图像上画过一样。具体的使用方法如下：

（1）选择 滤镜(T) → 艺术效果 → 海绵... 命令，弹出"海绵"对话框。

（2）在 画笔大小(B) 文本框中输入数值，可设置画笔笔触大小；在 清晰度(D) 文本框中输入数值，可设置图像颜色的清晰度；在 平滑度(S) 文本框中输入数值，可设置图像的光滑程度。

（3）设置完成后，单击 确定 按钮，效果如图 10.7.7 所示。

图 10.7.7 应用海绵滤镜效果

10.8 纹理滤镜组

利用纹理滤镜可给图像添加各种不同的纹理，使图像产生特殊效果。选择 滤镜(T) → 纹理 命令，可弹出如图 10.8.1 所示的纹理滤镜子菜单。

图 10.8.1 纹理滤镜子菜单

10.8.1 拼缀图

利用拼缀图滤镜命令可将图像拆分为不同颜色的小方块，产生类似拼贴图的效果。其具体的使用方法如下：

（1）选择 滤镜(T) → 纹理 → 拼缀图... 命令，弹出"拼缀图"对话框。

（2）在 方形大小(S) 文本框中输入数值，可设置生成方块的大小；在 凸现(R) 文本框中输入数值，

171

可设置方块的凸现程度。

（3）设置完成后，单击 确定 按钮，效果如图 10.8.2 所示。

图 10.8.2 应用拼缀图滤镜效果

10.8.2 染色玻璃

利用染色玻璃滤镜命令可以制作彩色的玻璃效果，就像透过花玻璃看图像一样。其具体的使用方法如下：

（1）选择 滤镜(T) → 纹理 → 染色玻璃... 命令，弹出"染色玻璃"对话框。

（2）在 单元格大小(C) 文本框中输入数值，可设置产生的玻璃格的大小；在 边框粗细(B) 文本框中输入数值，可设置玻璃边框的粗细；在 光照强度(L) 文本框中输入数值，可设置光线照射的强度。

（3）设置完成后，单击 确定 按钮，效果如图 10.8.3 所示。

图 10.8.3 应用染色玻璃滤镜效果

10.8.3 龟裂缝

利用龟裂缝滤镜命令可使图像产生干裂的浮雕纹理效果。其具体的使用方法如下：

（1）选择 滤镜(T) → 纹理 → 龟裂缝 命令，弹出"龟裂缝"对话框。

（2）在 裂缝间距(S) 文本框中输入数值，可设置产生的裂纹之间的距离；在 裂缝深度(D) 文本框中输入数值，可设置产生裂纹的深度；在 裂缝亮度(B) 文本框中输入数值，可设置裂缝的亮度。

（3）设置完成后，单击 确定 按钮，效果如图 10.8.4 所示。

图 10.8.4 应用龟裂缝滤镜效果

10.9　渲染滤镜组

渲染滤镜可在图像中创建云彩、模拟和折射光线等效果，还可为图像添加不同的渲染效果。选择 滤镜(T)→渲染 命令，可弹出如图 10.9.1 所示的渲染滤镜子菜单。

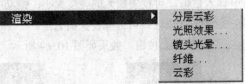

图 10.9.1　渲染滤镜子菜单

10.9.1　云彩

利用云彩滤镜命令可将前景色与背景色相融合，产生随机的云彩效果。其具体的使用方法如下：选择 滤镜(T)→渲染→云彩 命令，该滤镜无对话框，执行后效果会直接应用到图像上，如图 10.9.2 所示。如果对所做的效果不满意，可连续按"Ctrl+F"快捷键，直到满意为至。

图 10.9.2　应用云彩滤镜效果

10.9.2　纤维

利用纤维滤镜命令可使图像产生一种纤维化的图案效果，其颜色与前景色和背景色有关。其具体的使用方法如下：

（1）选择 滤镜(T)→渲染→纤维... 命令，弹出"纤维"对话框。

（2）在 差异 文本框中输入数值，可设置纤维的变化程度；在 强度 文本框中输入数值，可设置图像效果中纤维的密度。单击 随机化 按钮，可生成随机的纤维效果。

（3）设置完成后，单击 确定 按钮，效果如图 10.9.3 所示。

图 10.9.3　应用纤维滤镜效果

10.9.3　镜头光晕

利用镜头光晕滤镜命令可使图像产生光线折射的光晕效果。其具体的使用方法如下：

（1）选择 滤镜(T) → 渲染 → 镜头光晕... 命令，弹出"镜头光晕"对话框。

（2）在 亮度(B)： 文本框中输入数值，可设置炫光的亮度大小；拖动 光晕中心： 显示框中的十字光标，可以设置炫光的位置，在 镜头类型 选项区中可选择镜头的类型。

（3）设置完成后，单击 确定 按钮，效果如图 10.9.4 所示。

图 10.9.4　应用镜头光晕滤镜效果

10.10　素描滤镜组

素描滤镜可模拟素描艺术效果，它使用前景色和背景色来给图像增加纹理。选择 滤镜(T) → 素描 命令，可弹出如图 10.10.1 所示的素描滤镜子菜单。

图 10.10.1　素描滤镜子菜单

10.10.1　撕边

利用撕边命令可使图像产生一种类似于撕破的碎纸片吸附在物体上的效果。其具体的使用方法如下：

（1）选择 滤镜(T) → 素描 → 撕边... 命令，弹出"撕边"对话框。

（2）在 图像平衡(I) 文本框中输入数值，可设置图像的颜色平衡度；在 平滑度(S) 文本框中输入数值，可设置图像边缘的平滑度；在 对比度(C) 文本框中输入数值，可设置图像的对比度。

（3）设置完成后，单击 确定 按钮，效果如图 10.10.2 所示。

图 10.10.2　应用撕边滤镜效果

10.10.2　炭笔

利用炭笔滤镜命令可使图像产生素描绘画的效果。其具体的使用方法如下：

（1）选择 滤镜(I) → 素描 → 炭笔... 命令，弹出"炭笔"对话框。

（2）在 炭笔粗细(C) 文本框中输入数值，可设置炭笔的粗细程度；在 细节(D) 文本框中输入数值，可设置图像效果的细节；在 明/暗平衡(B) 文本框中输入数值，可设置图像效果的明/暗平衡度。

（3）设置完成后，单击 确定 按钮，效果如图 10.10.3 所示。

图 10.10.3　应用炭笔滤镜效果

10.10.3　图章

利用图章滤镜命令可使图像简化，产生一种类似于图章的图案效果。其具体的使用方法如下：

（1）选择 滤镜(I) → 素描 → 图章... 命令，弹出"图章"对话框。

（2）在 明/暗平衡(B) 文本框中输入数值，可设置图像明度和暗度的平衡量；在 平滑度(S) 文本框中输入数值，可设置图像边缘的平滑程度。

（3）设置完成后，单击 确定 按钮，效果如图 10.10.4 所示。

图 10.10.4　应用图章滤镜效果

10.10.4　影印

影印滤镜可用前景色与背景色来模拟影印图像效果，图像中的较暗区域显示为背景色，较亮区域显示为前景色。其具体的使用方法如下：

（1）选择 滤镜(T) → 素描 → 影印... 命令，弹出"影印"对话框。

（2）在 细节(M) 文本框中输入数值，可设置图像效果的细节；在 暗度(A) 文本框中输入数值，可设置图像效果的明暗程度。

（3）设置完成后，单击 确定 按钮，效果如图 10.10.5 所示。

图 10.10.5　应用影印滤镜效果

10.10.5　水彩画纸

利用水彩画纸滤镜命令可生成一种用彩色画笔在湿纸上绘画的效果。其具体的使用方法如下：

（1）选择 滤镜(T) → 素描 → 水彩画纸 命令，弹出"水彩画纸"对话框。

（2）在 纤维长度(F) 文本框中输入数值，可设置扩散的程度与画笔的长度；在 亮度(B) 文本框中输入数值，可设置图像的亮度；在 对比度(C) 文本框中输入数值，可设置图像的对比度。

（3）设置完成后，单击 确定 按钮，效果如图 10.10.6 所示。

图 10.10.6　应用水彩画纸滤镜效果

10.10.6　绘图笔

绘图笔滤镜利用具有一定方向的油墨线条来描绘图像的，可使图像产生彩色的版画效果。具体的使用方法如下：

（1）选择 滤镜(T) → 素描 → 绘图笔 命令，弹出"绘图笔"对话框。

（2）在 描边长度(S) 文本框中输入数值，可设置画笔笔触的长度；在 明/暗平衡(B) 文本框中输入数值，可设置图像的明/暗平衡度；在 描边方向(D) 文本框中输入数值，可设置画笔描边的方向。

（3）设置完成后，单击 确定 按钮，效果如图 10.10.7 所示。

图 10.10.7　应用绘图笔滤镜效果

10.11　杂色滤镜组

杂色滤镜可以在图像中随机地添加或减少杂色，这有利于将选区混合到周围的像素中。使用杂色滤镜可创建与众不同的纹理，如灰尘与划痕。选择 滤镜(T) → 杂色 命令，可弹出如图 10.11.1 所示的杂色滤镜子菜单。

图 10.11.1　杂色滤镜子菜单

10.11.1　中间值

利用中间值滤镜命令可消除或减少图像中的动感效果，使图像变平滑。其具体的使用方法如下：

（1）选择 滤镜(T) → 杂色 → 中间值 命令，弹出"中间值"对话框。

（2）在 半径(R): 文本框中输入数值，可设置该滤镜对每个像素进行亮度分析的距离范围。

（3）设置完成后，单击 确定 按钮，效果如图 10.11.2 所示。

图 10.11.2　应用中间值滤镜效果

10.11.2　添加杂色

利用添加杂色滤镜命令可给图像添加杂点。其具体的使用方法如下：

（1）选择 滤镜(T) → 杂色 → 添加杂色... 命令，弹出"添加杂色"对话框。

（2）在 数量(A): 文本框中输入数值，可设置添加杂点的数量；在 分布 选项区中可设置杂点的分布方式，包括 ⊙ 平均分布(U) 和 ⊙ 高斯分布(G) 两个单选按钮；选中 ☑ 单色(M) 复选框，可增加图像的灰度，设置杂点的颜色为单色。

（3）设置完成后，单击 确定 按钮，效果如图 10.11.3 所示。

图 10.11.3　应用添加杂色滤镜效果

10.11.3　蒙尘与划痕

蒙尘与划痕滤镜命令可通过不同的像素来减少图像中的杂色。其具体的使用方法如下：

（1）选择 滤镜(T) → 杂色 → 蒙尘与划痕... 命令，弹出"蒙尘与划痕"对话框。

（2）在 半径(R): 文本框中输入数值，可设置清除缺陷的范围；在 阈值(T): 文本框中输入数值，可设置进行处理的像素的阈值。

（3）设置完成后，单击 确定 按钮，效果如图 10.11.4 所示。

图 10.11.4　应用蒙尘与划痕滤镜效果

10.11.4　去斑

利用去斑滤镜可以保留图像边缘而轻微模糊图像，从而去除较小的杂色。用户可以利用它来减少干扰或模糊过于清晰的区域，并可除去扫描图像中的波纹图案。打开一幅图像，选择 滤镜(T) → 杂色 → 去斑 命令，系统会自动对图像进行调整。

10.12　锐化滤镜组

锐化滤镜组通过增加相邻像素的对比度来聚焦模糊的图像。使用该组滤镜可使图像更清晰逼真，但是如果锐化太强烈，反而会适得其反。选择 滤镜(T) → 锐化 命令，可弹出如图 10.12.1 所示的锐化滤镜子菜单。

图 10.12.1 锐化滤镜子菜单

10.12.1 USM 锐化

利用 USM 锐化滤镜命令可调整图像边缘细节的对比度，使图像边缘更加突出。其具体的使用方法如下：

（1）选择 滤镜(T) → 锐化 → USM 锐化... 命令，弹出"USM 锐化"对话框。

（2）在 数量(A): 文本框中输入数值，可设置锐化的程度；在 半径(R): 文本框中输入数值，可设置要进行锐化的范围；在 阈值(T): 文本框中输入数值，可设置边缘像素的色阶。

（3）设置完成后，单击 确定 按钮，效果如图 10.12.2 所示。

图 10.12.2 应用 USM 锐化滤镜效果

10.12.2 锐化

利用锐化滤镜命令可以提高图像的清晰度。其具体的使用方法如下：

选择 滤镜(T) → 锐化 → 锐化 命令，执行该命令不弹出任何对话框，直接将效果应用到图像中，效果如图 10.12.3 所示。

图 10.12.3 应用锐化滤镜效果

10.13 其他滤镜组

其他滤镜可用来修饰图像的细节部分，用户还可自己创建特殊效果的滤镜。选择 滤镜(T) → 其它命令，可弹出如图 10.13.1 所示的其他滤镜子菜单。

其它　　　　　　　　　　　▶　　高反差保留…
　　　　　　　　　　　　　　　　位移…
　　　　　　　　　　　　　　　　自定…
　　　　　　　　　　　　　　　　最大值…
　　　　　　　　　　　　　　　　最小值…

图 10.13.1　其他滤镜子菜单

10.13.1　高反差保留

利用高反差保留滤镜可以删除图像中亮度逐渐变化的部分，并保留色彩变化最大的部分。该滤镜可以使图像中的阴影消失而亮点部分更加突出。其具体的使用方法如下：

（1）选择菜单栏中的 滤镜(T) → 其它 → 高反差保留… 命令，弹出"高反差保留"对话框。

（2）在 半径(R): 文本框中输入数值，设置像素周围的距离，输入数值范围为 0.1～250。

（3）设置相关的参数后，单击 确定 按钮，效果如图 10.13.2 所示。

图 10.13.2　应用高反差保留滤镜效果

10.13.2　位移

利用位移滤镜命令可将图像中的像素按指定的距离向水平或垂直方向移动。其具体的使用方法如下：

（1）选择 滤镜(T) → 其它 → 位移… 命令，弹出"位移"对话框。

（2）在 水平(H): 文本框中输入数值，可将图像按指定的数值水平移动；在 垂直(V): 文本框中输入数值，可将图像按指定的数垂直移动。在 未定义区域 选项中可选择移动后白空区域的填充方式，包括 ⊙ 设置为背景(B) 、⊙ 重复边缘像素(R) 和 ⊙ 折回(W) 3 个单选按钮。

（3）设置完成后，单击 确定 按钮，效果如图 10.13.3 所示。

图 10.13.3　应用位移滤镜效果

10.13.3　最大值

利用最大值滤镜可以在指定的搜索区域中用像素的亮度最大值替换其他像素的亮度值，从而扩大图像中的亮区，缩小图像中的暗区。其具体的使用方法如下：

（1）选择菜单栏中的 滤镜(T) → 其它 → 最大值... 命令，弹出"最大值"对话框。

（2）在 半径(R): 文本框中输入数值，可以设置选取较暗像素的距离，

（3）设置相关的参数后，单击 确定 按钮，效果如图 10.13.4 所示。

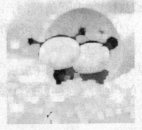

图 10.13.4　应用最大值滤镜效果

10.13.4　最小值

最小值滤镜主要用来减弱图像的亮度色调。其具体的使用方法如下：

（1）选择 滤镜(T) → 其它 → 最小值... 命令，弹出"最小值"对话框。

（2）在 半径(R): 文本框中输入数值设置图像暗部区域的范围。

（3）设置完成后，单击 确定 按钮，效果如图 10.13.5 所示。

图 10.13.5　应用最大值滤镜效果

10.14　数字水印滤镜

利用数字水印滤镜可以将数字水印嵌入到图像中，以储存版权信息。将版权信息添加到 Photoshop 图像中，图像的版权通过使用数字水印 Picturemarc 技术的数字水印加以保护，人眼一般看不见这种水印（作为杂色添加到图像中的数字代码）。水印可以在数字和打印形式的图像中长久保存，并且在经过图像编辑和文件格式转换后仍可保留。当打印出图像然后扫描到计算机时，仍可检测到水印。

在图像中嵌入数字水印，可使查看者获得关于图像作者的信息。该功能对于将作品授权给他人使用的图像创作者特别有价值。复制带有嵌入水印的图像时，也将复制水印和与水印相关的所有信息。

10.14.1　嵌入水印

若要嵌入水印，必须首先向数字水印公司（该公司负责维护所有艺术家、设计人员、摄影师及其联系信息的数据库）注册，获得唯一的创作者 ID，然后将创作者 ID 连同版权年份或限制使用的标识符等信息一起嵌入到图像中。

默认的"水印耐久性"设置专门用于平衡大多数图像中的水印耐久性和可视性。当然，用户也可以根据需要自己调整水印耐久性设置。低数值表示水印在图像中具有较低的可视性，耐久性也较差，而且应用滤镜效果或执行某些图像编辑、打印和扫描操作可能会损坏水印。高数值表示水印具有较高的耐久性，但可能会在图像中显示一些可见的杂色。

嵌入水印的具体操作如下：

（1）打开一幅图像，如图 10.14.1 所示。

（2）选择菜单栏中的 `滤镜(I)` → `Digimarc` → `嵌入水印...` 命令，弹出"嵌入水印"对话框，如图 10.14.2 所示。

图 10.14.1　打开图像

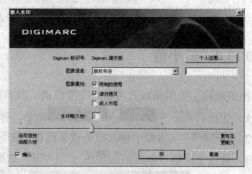

图 10.14.2　"嵌入水印"对话框

（3）在其对话框中设置好参数后，单击 `好` 按钮，即可完成水印的嵌入。

10.14.2　读取水印

嵌入水印后的图像会依据作者的设置差异显示在画面上。

读取水印的步骤如下：

（1）打开设置过水印的图像，选择 `滤镜(I)` → `Digimarc` → `读取水印...` 命令，弹出"水印信息"对话框，如图 10.14.3 所示。

图 10.14.3　"水印信息"对话框

（2）在对话框中可观看该图像的属性和作者的版权年份，如果要了解作者更多的信息，可单击 网页查照 按钮，在 http://www.digimarc.com 网站上查找。

10.15　智　能　滤　镜

在 Photoshop CS4 中，利用智能滤镜可以在不破坏图像本身像素的条件下为图层添加滤镜效果。

10.15.1　创建智能滤镜

"图层"面板中的普通图层应用滤镜后，原来的图像将会被取代；"图层"面板中的智能对象可以直接将滤镜添加到图像中，但是不破坏图像本身的像素。首先选择菜单中的 图层(L) → 智能对象 → 转换为智能对象(S) 命令，即可将普通图层的背景图层变成智能对象，或选择菜单中的 滤镜(T) → 转换为智能滤镜 命令，此时会弹出如图 10.15.1 所示的提示对话框，单击 确定 按钮，即可将当前图层转换为智能对象图层，再执行相应的滤镜命令，就会在"图层"面板中看到该滤镜显示在智能滤镜的下方，如图 10.15.2 所示。

图 10.15.1　提示对话框

图 10.15.2　智能滤镜

10.15.2　停用/启用智能滤镜

在"图层"面板中应用智能滤镜后，选择菜单栏中的 图层(L) → 智能滤镜 → 停用智能滤镜 命令，即可将当前使用的智能效果隐藏，还原图像的原来品质，此时 智能滤镜 子菜单中的 停用智能滤镜 命令变成 启用智能滤镜 命令，执行此命令即可启用智能滤镜，如图 10.15.3 所示。

图 10.15.3　停用/启用智能滤镜

10.15.3　编辑智能滤镜混合选项

在应用的滤镜效果名称上单击鼠标右键，在弹出的菜单中选择 编辑智能滤镜混合选项... 选项，或在

"图层"面板中的 🗗 按钮上双击鼠标,即可弹出"混合选项"对话框,在该对话框中可以设置该滤镜在图层中的 模式(M): 和不透明度(O):,如图 10.15.4 所示。

图 10.15.4 "混合选项"对话框

10.16 插 件 滤 镜

滤镜(I) 菜单中提供了几个用于进行图像编辑和修饰的滤镜,即液化、消失点和滤镜库滤镜。下面通过实例来说明它们的功能及使用方法。

10.16.1 滤镜库

滤镜库可将常用的滤镜组拼嵌到一个面板中,以折叠菜单的方式显示出来,并且每一个滤镜都可以直接预览其效果,使用十分方便。其具体的使用方法如下:

(1)选择 滤镜(I) → 滤镜库 (G)... 命令,弹出"滤镜库"对话框,如图 10.16.1 所示。

(2)在此对话框的左边是要进行滤镜处理的图像,中部为滤镜列表,每个滤镜组下面包含了很多有特色的滤镜。单击需要的滤镜组,可以浏览滤镜组中的各个滤镜,以及它所显示的效果。

图 10.16.1 "滤镜库"对话框

(3)单击预览窗口下面的百分比数值下拉按钮 100% ▶,可弹出百分比数值下拉列表,从中选择百分比数值为 50% 来预览图像。

(4)在"滤镜库"对话框右侧的滤镜设置区中,单击 海报边缘 下拉按钮,从弹出的下拉列表中选择涂抹棒滤镜,并设置好其参数。

在"滤镜库"对话框中对图像所做的处理,每一步都非常清晰,如图 10.16.2 所示。

图 10.16.2 涂抹棒滤镜效果

10.16.2 液化

液化滤镜是一个集多种变形工具于一体的图像变形滤镜。打开一幅图像，选择菜单栏中的
滤镜(I) → 液化(L)...命令，弹出"液化"对话框，如图 10.16.3 所示，其左侧是液化工具，右侧是相
关的视图和画笔大小等选项。

图 10.16.3 "液化"对话框

下面主要介绍"液化"对话框左侧工具箱中各工具的使用方法。

（1）向前变形工具　是液化滤镜中最基本的工具，它与工具箱中涂抹工具的用法相同。选择画
笔的大小和压力后，在图像上拖动，颜色会随着笔触移动。

（2）顺时针旋转扭曲工具　与滤镜中的扭曲滤镜用法相同。用画笔的大小来控制扭曲的区域，
用鼠标单击时间长短来控制扭曲的程度，扭曲效果如图 10.16.4 所示。

图 10.16.4 使用顺时针旋转扭曲工具效果

（3）褶皱器工具 和膨胀工具 与滤镜中的挤压、球面化滤镜比较相似，但是在功能方面更强于这两种滤镜。选择画笔的大小来控制膨胀和褶皱的区域，用鼠标单击时间长短来控制膨胀和褶皱的程度，褶皱和膨胀效果如图 10.16.5 所示。

图 10.16.5　使用褶皱器工具和膨胀工具

（4）左推工具 是一个自由液化工具，顺时针移动画笔时图像会放大，逆时针移动画笔时图像会缩小，其效果如图 10.16.6 所示。

（5）在开始使用镜像工具 的时候，其效果像是透过凸透镜观察画面，反复在一个区域移动画笔，最终出现的图像是一个翻转图像。

图 10.16.6　使用左推工具效果

（6）湍流工具 能对图像进行平滑混杂，用于创建火焰、云彩、波浪等效果，如图 10.16.7 所示。

图 10.16.7　使用湍流工具效果

（7）重建工具 与橡皮擦工具的功能相似，它是用来恢复液化局部的工具。

（8）冻结工具 能起到锁定的功效，被冻结区域处于保护状态，使用液化工具不能改变冻结区域的图像。

（9）解冻工具 是用来清除冻结颜色的工具，解冻后的区域可以使用液化工具来修改。

10.16.3　消失点

使用消失点功能可以在图像中指定平面，然后进行绘画、仿制、拷贝、粘贴、变换等编辑操作。所有编辑操作都将采用所处理平面的透视，因此，使用消失点来修饰、添加或移去图像中的内容，效果将更加逼真。

下面通过一个实例来说明消失点的功能与使用方法，具体操作步骤如下：

（1）打开一幅图像文件，使用磁性套索工具将图像中的手提袋从背景中选出来，如图 10.16.8 所示。

（2）按"Ctrl+J"键可自动将选区中的图像拷贝到一个新图层中，如图 10.16.9 所示。

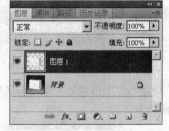

图 10.16.8　创建选区　　　　　　　图 10.16.9　创建拷贝图层

（3）打开一幅如图 10.16.10 所示的图像，按"Ctrl+A"键全选图像，按"Ctrl+C"键将其复制到剪贴板中，以备后用。

图 10.16.10　打开的图像

（4）选择菜单栏中的 滤镜(T) → 消失点(V)... 命令，弹出"消失点"对话框，如图 10.16.11 所示。

图 10.16.11　"消失点"对话框

（5）在工具箱中单击"创建平面工具"按钮 ，此时鼠标指针变为 ✛ 形状，在手提袋的正面单击，然后沿手提袋边缘拖动鼠标，单击第 3 个点将出现一个三角形平面，拖动鼠标，即可形成一个四边形的平面，如图 10.16.12 所示。

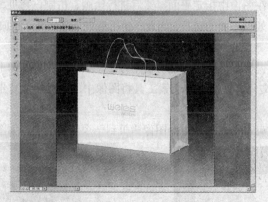

图 10.16.12 四边形的平面

（6）在 网格大小: 输入框中可设置平面中的网格数量，按"Ctrl+V"键将复制到剪贴板中的图像粘贴到窗口中，如图 10.16.13 所示。

图 10.16.13 粘贴图像

（7）拖动鼠标，将粘贴的图像拖至第一个网格平面中，系统将自动适应该平面，在工具箱中单击"变换工具"按钮 ，调整网格中图像的大小，效果如图 10.16.14 所示。

图 10.16.14 调整网格中图像的大小

（8）按住"Alt"键拖动变换后的图像，将其复制一个，并放入手提袋侧面的平面中，效果如图

10.16.15 所示。

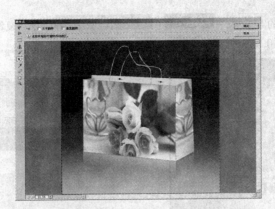

图 10.16.15 复制到侧面平面的效果

（9）单击 <u>　确定　</u> 按钮，返回到 Photoshop CS4 工作界面，将图层 1 的不透明度设置为 70%，混合模式设置为明度，效果如图 10.16.16 所示。

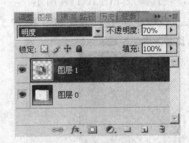

图 10.16.16 更改不透明度与混合模式效果

10.17 典型实例——制作玻璃效果

本例使用本章所学的内容制作玻璃效果，最终效果如图 10.17.1 所示。

图 10.17.1 最终效果图

创作步骤

（1）打开一幅图像文件，单击工具箱中的“矩形选框工具”按钮 ▣ ，在图像中创建一矩形选区，效果如图 10.17.2 所示。

（2）选择菜单栏中的 图层(L) → 新建(N) → 通过拷贝的图层(C) 命令，复制选区中的图像，自动生成"图层 1"，效果如图 10.17.3 所示。

图 10.17.2 打开图像并创建选区　　　　图 10.17.3 复制图像

（3）将"图层 1"作为当前图层，选择菜单栏中的 滤镜(T) → 模糊 → 高斯模糊... 命令，弹出"高斯模糊"对话框，设置参数如图 10.17.4 所示。

（4）单击 确定 按钮，效果如图 10.17.5 所示。

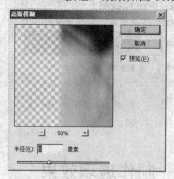

图 10.17.4 "高斯模糊"对话框　　　　图 10.17.5 应用高斯模糊滤镜效果

（5）选择菜单栏中的 图像(I) → 调整(A) → 色彩平衡(B)... 命令，弹出"色彩平衡"对话框，设置参数如图 10.17.6 所示。

（6）单击 确定 按钮，效果如图 10.17.7 所示。

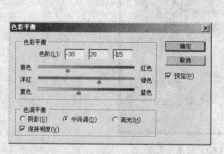

图 10.17.6 "色彩平衡"对话框　　　　图 10.17.7 调整色彩平衡效果

（7）选择菜单栏中的 滤镜(T) → 扭曲 → 玻璃... 命令，弹出"玻璃"对话框，设置参数如图 10.17.8 所示。

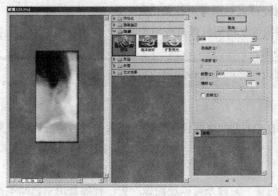

图 10.17.8　"玻璃"对话框

（8）单击 确定 按钮，效果如图 10.17.9 所示。

（9）单击工具箱中的"矩形选框工具"按钮 ，在图像中绘制一个矩形选区，效果如图 10.17.10 所示。

图 10.17.9　应用玻璃滤镜效果　　　　图 10.17.10　创建的矩形选区

（10）设置前景色为灰色（R：188，G：188，B：188），新建"图层 2"，按"Alt+Delete"键填充选区，再按"Ctrl+D"键取消选区，最终效果如图 10.17.1 所示。

小　结

本章主要介绍了 Photoshop CS4 中滤镜应用的基础知识和一些常用的滤镜命令效果，通过对本章的学习，读者应了解和掌握滤镜的使用方法和技巧，并通过反复的实践学习，合理地搭配应用各种滤镜，创作出精美的图像效果。

过关练习十

一、填空题

1. 在 Photoshop CS4 中，按_____键可以放弃当前正在应用的滤镜。

2. 在 Photoshop CS4 中，按_____键可以显示出最近应用的滤镜的对话框。

3. 利用 Photoshop 中_____滤镜能够将图像的局部进行放大。

4. 使用_____滤镜可以对图像进行柔化处理。

5. 使用_____滤镜可以将随机像素应用于图像，模拟在高速胶片上拍照的效果，从而为图像添加一些细小的颗粒状像素。

6. 使用_____滤镜能够产生旋转模糊或放射模糊的效果。

二、选择题

1. 利用模糊滤镜中的（　　）命令可使图像产生任意角度的动态模糊效果。

　　A．动感模糊　　　　　　　　　　　　B．高斯模糊

　　C．特殊模糊　　　　　　　　　　　　D．径向模糊

2. 利用艺术滤镜中的（　　）命令可以使图像产生一种像是用彩色蜡笔在有纹理的背景上描边的效果。

　　A．干画笔　　　　　　　　　　　　　B．涂抹棒

　　C．粗糙蜡笔　　　　　　　　　　　　D．绘图笔

3. 使用（　　）滤镜可以快速地将图像变形（如旋转、镜像、膨胀、放射等），从而产生特殊的溶解、扭曲效果。

　　A．扭曲　　　　　　　　　　　　　　B．旋转扭曲

　　C．液化　　　　　　　　　　　　　　D．切变

4. （　　）滤镜可用前景色与背景色来模拟影印图像效果，图像中的较暗区域显示为背景色，较亮区域显示为前景色。

　　A．影印　　　　　　　　　　　　　　B．点状化

　　C．彩色半调　　　　　　　　　　　　D．数字水印

5. 在 Photoshop CS4 中，按（　　）键可以快速重复使用某滤镜。

　　A．Ctrl+F　　　　　　　　　　　　　B．Alt+F

　　C．Ctrl+Z　　　　　　　　　　　　　D．Alt+Z

三、简答题

简述在 Photoshop CS4 中使用消失点滤镜的方法和技巧。

四、上机操作题

1. 利用本章所学的内容制作如题图 10.1 所示的雪景图效果。

2. 利用本章所学的波纹滤镜制作如题图 10.2 所示的水波效果。

题图　10.1

题图　10.2

第11章 行业应用实例

本章将介绍 Photoshop 中几个典型实例的制作方法，通过对这些实例的学习，可以使读者更加深入地了解图层、通道、蒙版、路径、滤镜以及 Photoshop CS4 中其他工具的使用和编辑方法。

本章重点

（1）饮料广告设计
（2）灯箱广告设计
（3）建筑效果图后期处理
（4）电影宣传广告设计
（5）食品包装袋设计
（6）药品包装盒设计

实例1 饮料广告设计

创作目的

本例将设计饮料广告，最终效果如图 11.1.1 所示。

图 11.1.1　最终效果图

创作步骤

（1）按"Ctrl+O"键，打开一幅图像文件，如图 11.1.2 所示。

图 11.1.2　打开的图像文件

（2）单击工具箱中的"椭圆选框工具"按钮，设置其属性栏参数如图 11.1.3 所示。

图 11.1.3 "椭圆选框工具"属性栏

（3）新建图层 1，设置前景色为桃红色（R：243，G：85，B：161），在图像中绘制一个圆，按
"Alt+Delete"键填充选区，如图 11.1.4 所示。

（4）重复步骤（3）的操作，在图像中分别绘制如图 11.1.5 所示的 3 个圆，自动生成图层 2、图
层 3、图层 4，并对其进行填充。

图 11.1.4 填充选区效果　　　　图 11.1.5 填充选区效果

（5）隐藏图层 2、图层 3 和图层 4，按住"Ctrl"键的同时，在图层面板中单击图层 1 缩略图，
将其载入选区。

（6）选择 选择(S) → 修改(M) → 收缩(C)... 命令，弹出"收缩选区"对话框，设置其参数如图
11.1.6 所示。

（7）设置前景色为橘黄色（R：251，G：200，B：20），对收缩后的选区进行填充，效果如图
11.1.7 所示。

图 11.1.6 "收缩选区"对话框　　　　图 11.1.7 填充选区效果

（8）再绘制一个正圆，将其填充为桃红色，如图 11.1.8 所示。

（9）重复步骤（5）的操作，对其进行收缩，并按"Delete"键删除选区内的图像，效果如图
11.1.9 所示。

图 11.1.8 绘制并填充选区　　　　图 11.1.9 收缩并删除选区内图像

（10）按"Ctrl+D"键取消选区，然后使用钢笔工具绘制一条路径。

（11）单击工具箱中的"横排文字工具"按钮 T，其属性栏设置如图 11.1.10 所示。

| T ▾ | 荪 | Cooper Std ▾ | Black ▾ | T 24 点 ▾ | aa 平滑 ▾ | | | | | |

图 11.1.10   "横排文字工具"属性栏

（12）在图像中沿路径输入文字，并合并图层 1 和文字图层为图层 1，效果如图 11.1.11 所示。

（13）将图层 2 作为当前图层，按"Ctrl+T"键，调整正圆的大小及位置，如图 11.1.12 所示。

图 11.1.11   沿路径输入文字

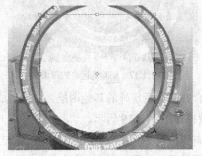

图 11.1.12   调整图像大小及位置

（14）重复步骤（5）～（11）的操作，得到如图 11.1.13 所示的效果。

（15）将图层 3 作为当前图层，并调整其大小及位置。

（16）重复步骤（5）～（11）的操作，得到如图 11.1.14 所示的效果。

图 11.1.13   绘制的第二个圆

图 11.1.14   绘制的第三个圆

（17）将图层 4 作为当前图层，并调整其大小及位置。

（18）重复步骤（5）～（11）的操作，得到如图 11.1.15 所示的效果。

（19）将图层 1 作为当前图层，单击工具箱中的"钢笔工具"按钮 ，在图像中绘制一个矩形路径，如图 11.1.16 所示。

图 11.1.15   绘制的第四个圆

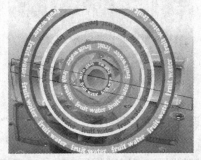

图 11.1.16   绘制的矩形路径

（20）按"Ctrl+Enter"键，将其转换为选区，再按"Delete"键删除选区内的图像，效果如图

11.1.17 所示。

（21）重复步骤（19）的操作，分别对其他图层进行操作，效果如图 11.1.18 所示。

图 11.1.17　删除选区内的图像　　　　　图 11.1.18　删除选区内的图像

（22）合并除背景层外的其他图层，自动生成图层 1，在图层面板中将图层 1 的图层模式设置为"点光"，效果如图 11.1.19 所示。

（23）新建图层 2，按"Ctrl+R"键显示标尺，单击工具箱中的"钢笔工具"按钮，在图像中绘制一个矩形路径，如图 11.1.20 所示。

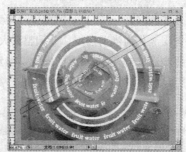

图 11.1.19　改变图层模式效果　　　　　图 11.1.20　绘制路径效果

（24）设置前景色为蓝色（R：57，G：118，B：170），将路径转换为选区，按"Alt+Delete"键填充选区，如图 11.1.21 所示。

（25）复制图层 2 为图层 2 副本，单击工具箱中的"移动工具"按钮，将其移至如图 11.1.22 所示的位置。

图 11.1.21　填充选区　　　　　图 11.1.22　复制并移动图像

（26）设置前景色为桃红色，在按住"Ctrl"键的同时单击图层 2 副本，将其载入选区，并对选区进行填充，效果如图 11.1.23 所示。

（27）复制图层 2 副本为图层 2 副本 2，重复步骤（25）的操作，将其填充为绿色，如图 11.1.24 所示。

图 11.1.23　填充选区　　　　　　　　　图 11.1.24　复制并填充选区

（28）打开一幅图像文件，使用移动工具将其拖曳到新建图像中，自动生成图层 3，如图 11.1.25 所示。

（29）复制图层 3 为图层 3 副本，使用钢笔工具创建如图 11.1.26 所示的选区。

图 11.1.25　复制并移动图像　　　　　　图 11.1.26　创建选区效果

（30）选择 图像(I) → 调整(A) → 色相/饱和度(H)… 命令，弹出 色相/饱和度 对话框，设置其参数 如图 11.1.27 所示。

（31）设置完成后，单击 确定 按钮，效果如图 11.1.28 所示。

图 11.1.27　"色相/饱和度"对话框　　　　图 11.1.28　调整色相/饱和度效果

（32）在图层面板中将图层 3 副本拖曳到图层 2 的下方，并使用移动工具调整其位置，效果如图 11.1.29 所示。

（33）复制图层 3 为图层 3 副本 2，重复步骤（28）～（30）的操作，效果如图 11.1.30 所示。

图 11.1.29　调整图层顺序　　　　　　　图 11.1.30　调整色相/饱和度效果

（34）选择 图层(L) → 图层样式(Y) → 投影(D)... 命令，在新建图像中分别为图层 3、图层 3 副本和图层 3 副本 2 添加投影效果，如图 11.1.31 所示。

图 11.1.31 添加投影效果

（35）单击工具箱中的"自定形状工具"按钮，设置其属性栏参数如图 11.1.32 所示。

图 11.1.32 "自定形状工具"属性栏

（36）新建图层 4，设置前景色为绿色，在新建图像中绘制如图 11.1.33 所示的图像。

（37）选择 图层(L) → 图层样式(Y) → 描边... 命令，弹出"描边"对话框，设置其参数如图 11.1.34 所示。

图 11.1.33　绘制的图像效果　　　　图 11.1.34　设置"描边"选项

（38）设置完成后，单击 确定 按钮，效果如图 11.1.35 所示。

（39）复制图层 4 为图层 4 副本，使用移动工具将其移至如图 11.1.36 所示的位置，并对其进行旋转。

图 11.1.35　添加描边效果　　　　图 11.1.36　复制并调整图像效果

（40）使用文字工具在图像中输入文字，设置文字字体为"华文彩云"，字号为"42"，并对其添加渐变填充样式，最终效果如图 11.1.1 所示。

实例 2　灯箱广告设计

创作目的

本例将设计灯箱广告，最终效果如图 11.2.1 所示。

广告画　　　　　　　　　　　　　　预览效果

图 11.2.1　最终效果图

创作步骤

（1）选择 文件(F) → 新建(N)... 命令，弹出"新建"对话框，设置参数如图 11.2.2 所示，设置完成后，单击 确定 按钮，即可新建一个图像文件。

图 11.2.2　"新建"对话框

（2）打开一幅图像，如图 11.2.3 所示，单击工具箱中的"移动工具"按钮，将其中的人物图像拖动到新建图像中，自动生成图层 1。

（3）按"Ctrl+T"键执行自由变换命令，调整其大小及位置，效果如图 11.2.4 所示。

图 11.2.3　打开的图像　　　　　　图 11.2.4　复制并调整图像

（4）设置前景色为蓝色（R：6，G：73，B：156），单击工具箱中的"渐变工具"按钮，其属性栏设置如图 11.2.5 所示。

图 11.2.5 "渐变工具"属性栏

（5）设置完成后，新建图层 2，然后从左向右拖曳鼠标为选区填充渐变效果，按"Ctrl+D"键取消选区，如图 11.2.6 所示。

图 11.2.6 渐变填充图像效果

（6）单击工具箱中的"钢笔工具"按钮，其属性栏设置如图 11.2.7 所示。

图 11.2.7 "钢笔工具"属性栏

（7）设置完成后，在图像中绘制如图 11.2.8 所示的路径。

（8）单击路径面板中的"将路径作为选区载入"按钮，转换路径为选区，如图 11.2.9 所示。

图 11.2.8 绘制的路径 图 11.2.9 转换路径为选区

（9）新建图层 3，将选区填充为白色，效果如图 11.2.10 所示。

（10）在图层面板中，将图层 3 的不透明度设为"30%"，按"Ctrl+D"键取消选区，效果如图 11.2.11 所示。

图 11.2.10 填充选区 图 11.2.11 调整不透明度

（11）再打开一幅手机图像，如图 11.2.12 所示，利用移动工具将其中的手机图像拖曳到新建图像中，自动生成图层 4。

（12）按"Ctrl+T"键执行自由变换命令，调整其大小及位置，效果如图 11.2.13 所示。

图 11.2.12　打开的图像　　　　　图 11.2.13　复制并调整图像

（13）复制图层 4 为图层 4 副本和图层 4 副本 2，并调整其大小及位置，此时图层面板及效果如图 11.2.14 所示。

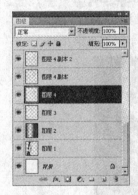

图 11.2.14　复制图层并调整其位置及大小

（14）在图层面板中调整图层的位置，并将图层 4 副本和图层 4 副本 2 的不透明度分别设为"30%"和"40%"，此时图层面板及效果如图 11.2.15 所示。

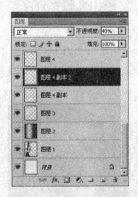

图 11.2.15　调整图层的位置并设置其不透明度

（15）新建图层 5，将前景色设置为白色，单击工具箱中的"画笔工具"按钮，其属性栏设置如图 11.2.16 所示。

图 11.2.16　"画笔工具"属性栏

（16）设置完参数后，在图像中绘制如图 11.2.17 所示的图形。

图 11.2.17　绘制的图形效果

（17）新建图层 6，单击工具箱中的"画笔工具"按钮，其属性栏设置如图 11.2.18 所示。

图 11.2.18　"画笔工具"属性栏

（18）设置完参数后，在图像中绘制如图 11.2.19 所示的图形。

图 11.2.19　绘制的图形效果

（19）单击工具箱中的"画笔工具"按钮，其属性栏设置如图 11.2.20 所示。

图 11.2.20　"画笔工具"属性栏

（20）设置完参数后，新建图层 7，在图像中绘制如图 11.2.21 所示的图形。

（21）单击工具箱中的"矩形选框工具"按钮，在图像中绘制一个矩形选区，如图 11.2.22 所示。

图 11.2.21　绘制的图形效果　　　　图 11.2.22　绘制的矩形选区

（22）新建图层 8，设置前景色为蓝色（R：6，G：73，B：15），按"Alt+Delete"键填充选区，效果如图 11.2.23 所示。

（23）打开一幅手机图像，如图 11.2.24 所示，利用移动工具  将其中的手机图像拖曳到新建图像中，自动生成图层 9。

　　图 11.2.23　填充选区效果　　　　　　图 11.2.24　打开的图像

（24）按"Ctrl+T"键执行自由变换命令，调整其大小及位置，效果如图 11.2.25 所示。

图 11.2.25　复制并调整图像

（25）单击工具箱中的"横排文字工具"按钮 T，其属性栏设置如图 11.2.26 所示。

图 11.2.26　"横排文字工具"属性栏

（26）设置完成后，在图像中输入蓝色（R：6，G：73，B：15）文字"新亚 V600"，然后用鼠标左键双击该文字图层，弹出"图层样式"对话框，设置参数如图 11.2.27 所示。

（27）设置完成后，单击 确定 按钮，效果如图 11.2.28 所示。

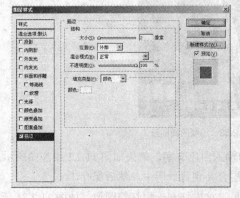

　　图 11.2.27　"图层样式"对话框　　　　　图 11.2.28　添加白色描边效果

（28）再利用横排文字工具 在图像中输入白色的文字"超薄超轻 唯炫唯酷"，如图 11.2.29 所示。

（29）用鼠标左键双击该文字图层，弹出"图层样式"对话框，设置参数如图 11.2.30 所示，其描边颜色为蓝色（R：6，G：73，B：15）。

图 11.2.29　输入文字效果

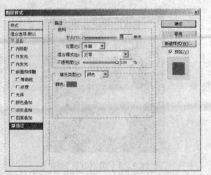

图 11.2.30　"图层新式"对话框

（30）设置完成后，单击 确定 按钮，效果如图 11.2.31 所示。

（31）单击工具箱中的"椭圆选框工具"按钮 ，在图像中创建一个椭圆选区，效果如图 11.2.32 所示。

图 11.2.31　添加蓝色描边效果

图 11.2.32　创建的椭圆选区

（32）新建图层 10，设置前景色为白色，将椭圆选区填充为白色，按"Ctrl+D"键取消选区，效果如图 11.2.33 所示。

图 11.2.33　绘制的椭圆形

（33）再利用横排文字工具 在图像中输入白色文字，效果如图 11.2.1 中左图所示。

（34）此时广告画制作完成，将全部图层合并到背景层中，然后保存。

（35）接着制作实际的灯箱广告预览效果。首先打开一幅灯箱图像，如图 11.2.34 所示。

图 11.2.34　打开的图像

（36）单击工具箱中的"魔棒工具"按钮 ，其属性栏设置如图 11.2.35 所示。

图 11.2.35　"魔棒工具"属性栏

（37）设置完成后，在打开的灯箱广告中单击，创建如图 11.2.36 所示的选区。激活广告画图像，按"Ctrl+A"键，将其全部选取，再选择 编辑(E) → 拷贝(C) 命令，将图像复制到剪贴板中。

（38）再激活灯箱图像文件，选择 编辑(E) → 贴入(T) 命令，将剪贴板中的图像粘贴到选区中，效果如图 11.2.37 所示。

图 11.2.36　创建的选区

图 11.2.37　贴入图像效果

（39）按"Ctrl+T"键执行自由变换命令，调整图像大小，最终效果如图 11.2.1 中右图所示。

实例 3　建筑效果图后期处理

创作目的

本例将对建筑效果图进行后期处理，最终效果如图 11.3.1 所示。

图 11.3.1　最终效果图

创作步骤

（1）按"Ctrl+N"键，弹出"新建"对话框，设置其对话框参数如图 11.3.2 所示，设置完成后，单击 [确定] 按钮，新建一个图像文件。

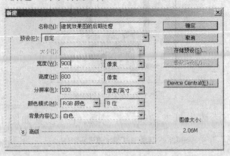

图 11.3.2 "新建"对话框

（2）打开一幅背景图像，如图 11.3.3 所示。

图 11.3.3 打开的图像

（3）单击工具箱中的"移动工具"按钮 ，将打开的背景图像拖曳到新建图像中，自动生成"图层 1"。

（4）按"Ctrl+T"键调整图像的大小及位置，效果如图 11.3.4 所示。

图 11.3.4 复制并调整图像

（5）再打开一幅别墅效果图像，单击工具箱中的"移动工具"按钮 ，将其拖曳到新建图像中，自动生成"图层 2"。

（6）按"Ctrl+T"键调整图像大小及位置，效果如图 11.3.5 所示。

图 11.3.5 复制并调整图像大小

（7）打开一幅树图像，利用工具箱中的移动工具将其拖曳到新建图像中，自动生成"图层 3"。

（8）按"Ctrl+T"键调整图像大小及位置，效果如图 11.3.6 所示。

图 11.3.6 复制并调整图像效果

（9）再打开一幅树图像，利用工具箱中的移动工具将其拖曳到新建图像中，自动生成"图层 4"。

（10）按"Ctrl+T"键调整图像大小及位置，效果如图 11.3.7 所示。

图 11.3.7 复制并调整图像效果

（11）在图层面板中，将"图层 2"拖曳到"图层 4"的上方，效果如图 11.3.8 所示。

图 11.3.8 调整图层顺序效果

（12）打开一幅台阶图像，利用工具箱中的移动工具将其拖曳到新建的图像文件中，自动生成"图层 5"。

（13）按"Ctrl+T"键调整图像大小及位置，效果如图 11.3.9 所示。

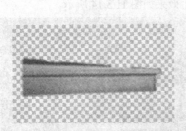

图 11.3.9 复制并调整图像效果

（14）打开一幅地板图像，利用工具箱中的移动工具将其拖曳到新建图像中，自动生成"图层 6"。

（15）按"Ctrl+T"键将图像调整到合适的大小及位置，效果如图 11.3.10 所示。

图 11.3.10　复制并调整图像效果

（16）打开一幅草地图像，利用工具箱中的移动工具将其拖曳到新建图像中，自动生成"图层 7"，

（17）按"Ctrl+T"键将图像调整到合适的大小及位置，效果如图 11.3.11 所示。

（18）单击工具箱中的"多边形套索工具"按钮 ，在图像中绘制一个多边形选区。

（19）新建"图层 8"，设置前景色为黑色，按"Alt+Delete"键对绘制的多边形选区进行填充，效果如图 11.3.12 所示。

图 11.3.11　复制并调整图像效果

图 11.3.12　绘制选区并填充

（20）在"图层"面板中，将"图层 8"的不透明度设置为 50%，效果如图 11.3.13 所示。

（21）打开一幅车图像，利用工具箱中的移动工具将其拖曳到新建的文件中，自动生成"图层 9"。

图 11.3.13　设置图层不透明度效果

（22）按"Ctrl+T"键，调整图像的大小及位置，效果如图 11.3.14 所示。

图 11.3.14　复制并调整图像效果

（23）打开一幅草图像，利用工具箱中的移动工具将其拖曳到新建图像中，自动生成"图层 10"。

（24）按"Ctrl+T"键，调整其图像大小及位置，效果如图 11.3.15 所示。

图 11.3.15 复制并调整图像效果

（25）打开一幅树枝图像，利用工具箱中的移动工具将其拖曳到新建图像中，自动生成"图层 11"。

（26）按"Ctrl+T"键，调整其图像大小及位置，效果如图 11.3.16 所示。

图 11.3.16 复制并调整图像效果

（27）打开一幅人物图像，利用工具箱中的移动工具将其拖曳到新建图像中，自动生成"图层 12"。

（28）按"Ctrl+T"键，调整图像大小及位置，效果如图 11.3.17 所示。

图 11.3.17 复制并调整图像效果

（29）将"图层 1"作为当前图层，选择 滤镜(I) → 渲染 → 镜头光晕... 命令，弹出"镜头光晕"对话框，设置参数如图 11.3.18 所示。

图 11.3.18 "镜头光晕"对话框

（30）设置完成后，单击 确定 按钮，最终效果如图 11.3.1 所示。

实例 4　电影宣传广告设计

创作目的

本例将设计电影宣传广告，最终效果如图 11.4.1 所示。

图 11.4.1　最终效果图

创作步骤

（1）选择菜单栏中的 文件(F) → 新建(N)... 命令，弹出"新建"对话框，设置其参数如图 11.4.2 所示，设置完成后，单击 确定 按钮，即可新建一个图像文件。

（2）设置前景色为白色，背景色为浅绿色。单击图层面板底部的"创建新图层"按钮 ，新建图层 1，选择菜单栏中的 滤镜(T) → 渲染 → 纤维... 命令，其效果如图 11.4.3 所示。

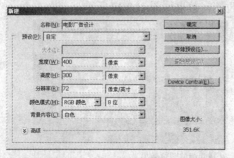

图 11.4.2　"新建"对话框　　　　图 11.4.3　应用云彩滤镜效果

（3）选择菜单栏中的 滤镜(T) → 素描 → 半调图案... 命令，其效果如图 11.4.4 所示。

（4）新建图层 2，单击工具箱中的"矩形选框工具"按钮 ，在新建的图像文件中绘制矩形选区，效果如图 11.4.4 所示。

图 11.4.4　应用半调图案效果　　　　图 11.4.5　绘制矩形选区

（5）按"D"键设置默认前景色和背景色（即前景色为黑色，背景色为白色），按"Alt+Delete"键填充选区为黑色，按"Ctrl+D"键取消选区，效果如图 11.4.6 所示。

（6）按"Ctrl+R"键显示标尺，再用鼠标画出两条参考线，位置如图 11.4.7 所示。

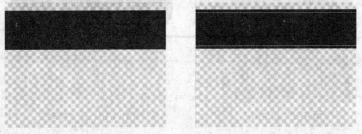

图 11.4.6　填充选区为黑色　　　　　　　　图 11.4.7　创建的参考线

（7）单击工具箱中的"画笔工具"按钮 ✐，在其属性栏中的画笔选项中选择如图 11.4.8 所示的方头画笔。

（8）选择菜单栏中的 窗口(W) → 画笔 命令，打开画笔面板，设置画笔的笔尖形状参数如图 11.4.9 所示。

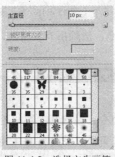

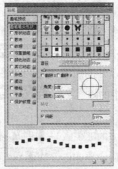

图 11.4.8　选择方头画笔　　　　　　　　图 11.4.9　画笔面板

（9）新建图层 3，设置前景色为"白色"，按住"Shift"键的同时在图中沿参考线绘制线条，效果如图 11.4.10 所示。

（10）按住"Ctrl"键的同时单击"图层 3"，将其载入选区，按住"Ctrl+Alt"键拖曳鼠标复制选区内的齿孔并调整位置，其效果如图 11.4.11 所示。

图 11.4.10　绘制齿孔　　　　　　　　　图 11.4.11　复制齿孔效果

（11）按"Ctrl+D"键取消选区，此时的图层面板如图 11.4.12 所示。

（12）为了便于定位，先选择菜单栏中的 视图(V) → 清除参考线(D) 命令，清除以前设置的参考线，然后创建新的参考线，如图 11.4.13 所示。

（13）打开一幅山水图片，单击工具箱中的"移动工具"按钮 ⊕，将图像拖曳到新建图像中，自动生成"图层 4"，按"Ctrl+T"键，缩放图像到适当的大小，效果如图 11.4.14 所示。

（14）重复步骤（13）的操作，导入多幅图像到新建图像中，调整图像到适当的大小，效果如图 11.4.15 所示。

图 11.4.12　图层面板

图 11.4.13　建立参考线

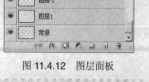

图 11.4.14　调整图像大小及位置

图 11.4.15　导入图像

（15）选择菜单栏中的 视图(V) → 清除参考线(D) 命令，清除所有参考线，按"Ctrl+R"键隐藏标尺，合并除"背景"层以外的所有图层为"图层7"。

（16）选择菜单栏中的 图像(I) → 图像旋转(G) → 90 度(顺时针)(9) 命令，将图像旋转90度，效果如图 11.4.16 所示。

（17）选择菜单栏中的 滤镜(T) → 扭曲 → 切变... 命令，设置其参数如图 11.4.17 所示。

（18）设置完参数后，单击 确定 按钮，切变后效果如图 11.4.18 所示。

图 11.4.16　变换图形

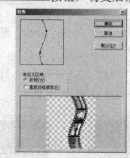

图 11.4.17　"切变"对话框

图 11.4.18　切变后效果

（19）选择菜单栏中的 图像(I) → 图像旋转(G) → 90 度(逆时针)(0) 命令，将画布旋转90度，效果如图 11.4.19 所示。

（20）复制图层7为图层7副本，按"Ctrl+T"键执行自由变换命令，分别调整两图像的大小及位置，效果如图 11.4.20 所示。

图 11.4.19　旋转效果

图 11.4.20　复制并调整图像

（21）在图层面板中，用鼠标单击图层 7 副本，并将其拖曳到图层 7 的下方，图层面板及效果如图 11.4.21 所示。

图 11.4.21　图层面板及效果图

（22）新建图层 8，利用工具箱中的矩形选框工具在图像中创建一个矩形选区。设置前景色为白色，背景色为紫色，使用渐变工具对绘制的选区进行填充，效果如图 11.4.22 所示。

（23）按"Ctrl+O"键，打开一幅如图 11.4.23 所示的图像，单击工具箱中的"移动工具"按钮，将打开的图像移动到新建图像中，自动生成"图层 9"。

图 11.4.22　创建并填充选区　　　　图 11.4.23　打开的图像

（24）按"Ctrl+T"键执行自由变换命令，对其大小及位置进行调整，并合并图层 8 和图层 9 为"图层 8"，再调整其位置，效果如图 11.4.24 所示。

（25）单击图层面板底部的"添加图层样式"按钮 fx.，在弹出的下拉菜单中选择 投影... 命令，对图像添加投影效果，如图 11.4.25 所示。

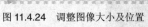

图 11.4.24　调整图像大小及位置　　　　图 11.4.25　添加投影效果

（26）单击工具箱中的"横排文字工具"按钮 T，设置其属性栏如图 11.4.26 所示。

图 11.4.26　"横排文字工具"属性栏

（27）设置完成后，在图像中单击输入文字"人生旅程录"，效果如图 11.4.27 所示。

（28）将"文字图层"作为当前图层，单击图层面板底部的"添加图层样式"按钮 fx.，在弹出的下拉菜单中选择 外发光... 命令，弹出"图层样式"对话框，设置其参数如图 11.4.28 所示。

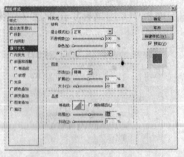

图 11.4.27　输入文字效果　　　　　　　图 11.4.28　"外发光"选项设置

（29）重复步骤（28）的操作，对文字添加描边样式，设置其对话框参数如图 11.4.29 所示。

（30）设置完参数后，单击 确定 按钮，效果如图 11.4.30 所示。

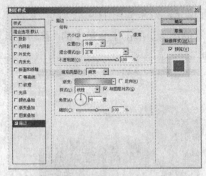

图 11.4.29　"图层样式"对话框　　　　　　图 11.4.30　应用图层样式效果

（31）单击工具箱中的"横排文字工具"按钮 T，设置其属性栏如图 11.4.31 所示。

图 11.4.31　"横排文字工具"属性栏

（32）设置好参数后，在图像中输入其他文字信息，最终效果如图 11.4.1 所示。

实例 5　食品包装袋设计

创作目的

本例设计食品包装袋，最终效果如图 11.5.1 所示。

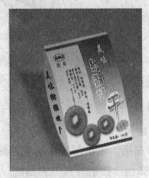

图 11.5.1　最终效果图

创作步骤

（1）按"Ctrl+N"键，弹出"新建"对话框，设置参数如图 11.5.2 所示。

（2）设置完成后，单击 ▭确定▭ 按钮，可新建一个图像文件。

（3）新建图层 1，单击工具箱中的"矩形选框工具"按钮▭，在图像中拖动鼠标绘制矩形选区，如图 11.5.3 所示。

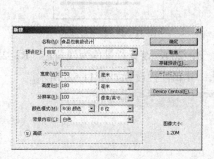

图 11.5.2　"新建"对话框

图 11.5.3　绘制矩形选区

（4）设置前景色为浅绿色（R：157，G：200，B：21），设置背景色为浅黄色（R：255，G：252，B：219），单击工具箱中的"渐变工具"按钮▭，其属性栏参数设置如图 11.5.4 所示。

图 11.5.4　"渐变工具"属性栏

（5）设置完成后，在选区中从上向下垂直拖曳鼠标填充渐变，效果如图 11.5.5 所示。

（6）按"Ctrl+D"键取消选区，新建图层 2，单击工具箱中的"矩形选框工具"按钮▭，在图像中绘制矩形选区，设置前景色为深红色（R：118，G：22，B：27），按"Alt+Delete"键填充选区，如图 11.5.6 所示。

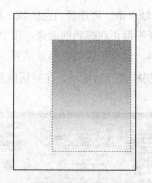

图 11.5.5　填充渐变

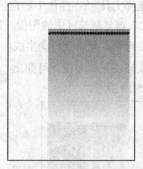

图 11.5.6　绘制并填充选区

（7）按"Ctrl+D"键取消选区，复制图层 2，得到图层 2 副本，选择图层 2 副本，使用移动工具将复制的图像移至填充渐变图像的下方，如图 11.5.7 所示。

（8）新建图层 3，单击工具箱中的"矩形选框工具"按钮▭，在图像中拖动鼠标绘制一个矩形选区，效果如图 11.5.8 所示。

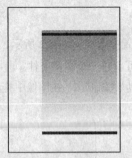
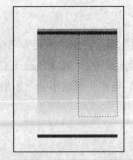

图 11.5.7 移动复制的图像　　　　图 11.5.8 绘制的选区

（9）设置前景色为棕色（R：106，G：36，B：20），设置背景色为浅黄色（R：255，G：252，B：219），单击工具箱中的"渐变工具"按钮 ，其属性栏设置如图 11.5.9 所示。

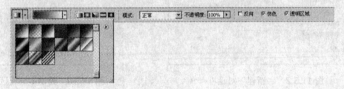

图 11.5.9 "渐变工具"属性栏

（10）设置完成后，在选区中从上向下拖曳鼠标填充渐变，效果如图 11.5.10 所示。

（11）按"Ctrl+D"键取消选区，再按"Ctrl+O"键打开一幅猕猴桃图片，如图 11.5.11 所示。

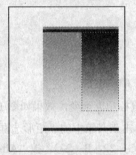

图 11.5.10 填充渐变　　　　图 11.5.11 猕猴桃图片

（12）使用快速选择工具 在图像中的白色区域单击，可选择白色区域，然后反选选区。

（13）按"Ctrl+C"键复制选区中的图像，选择当前正在编辑的图像，按"Ctrl+V"键可将复制的图像粘贴到所选的图像中，此时会自动生成图层 4，调整图像的大小及位置，如图 11.5.12 所示。

（14）在图层 4 上双击鼠标左键，可弹出"图层样式"对话框，在对话框左侧选中 投影 复选框，设置参数如图 11.5.13 所示。

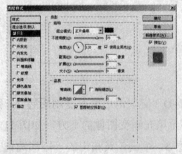

图 11.5.12 调整粘贴的图像　　　　图 11.5.13 "图层样式"对话框

（15）设置完成后，单击 ___确定___ 按钮，可为图像添加投影效果，如图 11.5.14 所示。

（16）将图层 4 复制两个副本，调整复制图像的大小与位置，效果如图 11.5.15 所示。

图 11.5.14　添加投影效果

图 11.5.15　复制并调整图像

（17）单击工具箱中的"直排文字工具"按钮 ，其属性栏设置如图 11.5.16 所示。

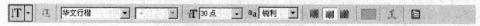
图 11.5.16　"直排文字工具"属性栏

（18）在图像中输入"美味"字样，将其放置在如图 11.5.17 所示的位置。

（19）新建图层 5，设置前景色为深红色，单击工具箱中的"直线工具"按钮 ，在属性栏中设置字的粗细为 3，在"美味"字样的左侧与右侧分别绘制一条直线，如图 11.5.18 所示。

图 11.5.17　输入文字并排放位置

图 11.5.18　绘制直线

（20）单击工具箱中的"直排文字工具"按钮 ，其属性栏设置如图 11.5.19 所示。

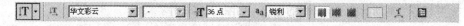
图 11.5.19　"直排文字工具"属性栏

（21）在图像中输入"猕猴桃"字样，如图 11.5.20 所示。

（22）选择菜单栏中的 图层(L) → 图层样式(Y) → 描边(K)... 命令，弹出"图层样式"对话框，设置描边颜色为深红色到黄色的渐变，设置其他参数如图 11.5.21 所示。

图 11.5.20　输入文字

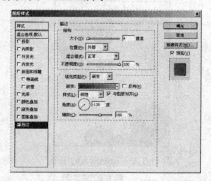
图 11.5.21　"图层样式"对话框

（23）单击 确定 按钮，对文字描边后的效果如图 11.5.22 所示。

（24）在文字工具属性栏中单击"创建文字变形"按钮 ，弹出"变形文字"对话框，设置参数如图 11.5.23 所示。

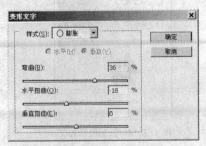

图 11.5.22 描边后的效果 　　　　图 11.5.23 "变形文字"对话框

（25）单击 确定 按钮，可使文字产生变形效果，如图 11.5.24 所示。

图 11.5.24 变形文字

（26）新建图层 6，设置前景色为淡黄色，单击工具箱中的"自定形状工具"按钮 ，在属性栏中选择所需的形状，其他参数设置如图 11.5.25 所示。

图 11.5.25 "自定形状工具"属性栏

（27）在图像中拖动鼠标绘制所选的形状，如图 11.5.26 所示。

（28）单击工具箱中的"画笔工具"按钮 ，在属性栏中设置画笔的形状，再单击"切换画笔面板"按钮 ，打开画笔面板，在该面板左侧选择 画笔笔尖形状 选项，在右侧设置该选项的参数，如图 11.5.27 所示。

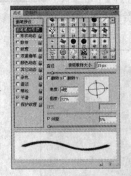

图 11.5.26 绘制所选的图形 　　图 11.5.27 设置画笔笔尖形状选项

（29）在画笔面板左侧选中 形状动态 复选框，在画笔面板右侧可显示出该选项的参数，设置各项参数如图 11.5.28 所示。

（30）新建图层 7，设置前景色为绿色，在图像中拖动鼠标绘制出"干"字的形状，如图 11.5.29 所示。

图 11.5.28　设置形状动态选项

图 11.5.29　绘制字形

（31）确认图层 7 为当前可编辑图层，选择菜单栏中的 图层(L) → 图层样式(Y) → 描边(K)... 命令，弹出"图层样式"对话框，设置描边颜色为白色，设置其他参数如图 11.5.30 所示。

（32）在对话框左侧选中 ☑投影 复选框，在对话框右侧设置该选项的参数如图 11.5.31 所示。

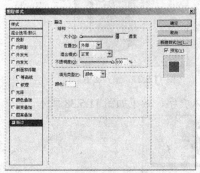

图 11.5.30　描边选项设置

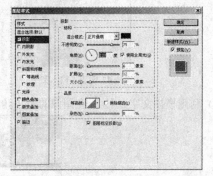

图 11.5.31　投影选项设置

（33）单击 确定 按钮，为绘制的字形添加图层样式后的效果如图 11.5.32 所示。

（34）新建图层 8，单击工具箱中的"椭圆选框工具"按钮 ○，在图像中绘制椭圆选区，选择菜单栏中的 编辑(E) → 描边(S)... 命令，弹出"描边"对话框，设置描边颜色为深红色，设置其他参数如图 11.5.33 所示。

图 11.5.32　添加图层样式后的效果

图 11.5.33　"描边"对话框

（35）单击 确定 按钮，描边后的效果如图 11.5.34 所示。

（36）单击工具箱中的"横排文字工具"按钮 T，在描边后的椭圆内输入字母，效果如图 11.5.35

所示。

图 11.5.34　描边效果　　　　图 11.5.35　输入字母

（37）利用横排文字工具 **T** 在图像中输入如图 11.5.36 所示的文字。

（38）利用直排文字工具 **T** 在图像中输入相关的文字，效果如图 11.5.37 所示。

图 11.5.36　输入文字　　　　图 11.5.37　输入文字

（39）利用横排文字工具 **T** 在图像的右下角输入文字，效果如图 11.5.38 所示。

图 11.5.38　在右下角输入文字

（40）新建图层 9，设置前景色为淡绿色，单击工具箱中的"自定形状工具"按钮 ，其属性栏设置如图 11.5.39 所示。在图像中拖动鼠标绘制所选的形状，效果如图 11.5.40 所示。

图 11.5.39　"自定形状工具"属性栏

（41）设置前景色为深红色，利用横排文字工具 **T** 在绿色形状上输入相应的文字，再将文字旋转一定的角度，如图 11.5.41 所示。

图 11.5.40　绘制所选的形状　　　　图 11.5.41　输入文字并旋转

（42）将背景图层以外的其他所有图层合并为图层 1，新建图层 2，单击工具箱中的"矩形选框工具"按钮 ，在图像中绘制一个矩形选区。

（43）设置前景色为浅绿色（R：157，G：200，B：21），设置背景色为浅黄色（R：255，G：

252，B：219），单击工具箱中的"渐变工具"按钮 ，在属性栏中设置渐变颜色为"前景色到背景色的渐变"，设置渐变方式为"线性"，在选区中从上向下拖动鼠标填充渐变，效果如图 11.5.42 所示。

（44）按"Ctrl+D"键取消选区，单击工具箱中的"直排文字工具"按钮 ，在属性栏中设置字体颜色为"深红色"，然后在图像中输入文字，效果如图 11.5.43 所示。

图 11.5.42　填充渐变

图 11.5.43　输入文字

（45）合并图层 2 与文字图层为图层 2，选择图层 1，再选择菜单栏中的 滤镜(T) → 扭曲 → 切变… 命令，弹出"切变"对话框，设置其对话框参数如图 11.5.44 所示。

（46）单击 确定 按钮，应用切变滤镜后的效果如图 11.5.45 所示。

图 11.5.44　"切变"对话框

图 11.5.45　应用切变滤镜效果

（47）选择图层 2，使用矩形选框工具在图像中绘制矩形选区，如图 11.5.46 所示。

（48）按"Ctrl+J"键可将选区中的图像自动粘贴在一个新图层 3 中，选择图层 2，按住"Ctrl"键的同时单击图层 3 的缩览图，载入其选区，按"Delete"键删除选区内的图像，取消选区，选择菜单栏中的 滤镜(T) → 扭曲 → 切变… 命令，弹出"切变"对话框，设置如图 11.5.47 所示。

图 11.5.46　绘制矩形选区

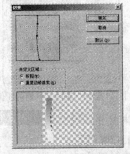
图 11.5.47　"切变"对话框

（49）单击 确定 按钮，可扭曲图层 2 中的图像，效果如图 11.5.48 所示。

（50）选择图层 3，再选择菜单栏中的 滤镜(T) → 扭曲 → 切变… 命令，弹出"切变"对话框，设置如图 11.5.49 所示。

图 11.5.48　切变图像

图 11.5.49　"切变"对话框

（51）单击 确定 按钮，可切变图层 3 中的图像，效果如图 11.5.50 所示。

（52）使用移动工具将图层 3 中的图像移至与图层 2 中的图像重合，然后合并图层 3 与图层 2 为一个图层，即图层 2，单击工具箱中的"钢笔工具"按钮 ，在图像中绘制封闭的路径，如图 11.5.51 所示。

图 11.5.50　切变图像

图 11.5.51　绘制路径

（53）在路径面板底部单击"将路径作为选区载入"按钮 ，可将路径转换为选区，按"Delete"键删除选区内的图像，如图 11.5.52 所示。

（54）按"Ctrl+D"键取消选区，将图层 2 中的图像移至图层 1 中的图像下方，确认图层 2 为当前可编辑图层，利用移动工具 将图层 2 中的图像移至如图 11.5.53 所示的位置。

图 11.5.52　删除选区内的图像

图 11.5.53　移动图像位置

（55）选择菜单栏中的 图像(I) → 调整(A) → 亮度/对比度(C)... 命令，弹出"亮度/对比度"对话框，设置参数如图 11.5.54 所示。

（56）单击 确定 按钮，可调整图层 2 中图像的色彩，如图 11.5.55 所示。

（57）在背景图层之上新建图层 3，使用多边形套索工具在图像中创建选区，按"Shift+F6"键弹出"羽化选区"对话框，设置其对话框参数如图 11.5.56 所示。

（58）设置完成后，单击 确定 按钮，羽化后的效果如图 11.5.57 所示。

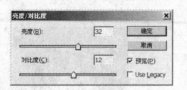

图 11.5.54　"亮度/对比度"对话框

图 11.5.55　调整色彩

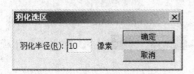

图 11.5.56　"羽化选区"对话框

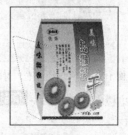

图 11.5.57　羽化后的效果

（59）设置前景色为黑色，按"Alt+Delete"键填充羽化后的选区，如图 11.5.58 所示。

（60）将图层 3 的不透明度设置为"35%"，按"Ctrl+D"键取消选区，效果如图 11.5.59 所示。

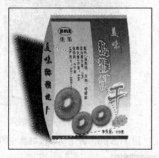

图 11.5.58　填充羽化后的选区

图 11.5.59　设置图层不透明度后的效果

（61）选中除背景层外的所有图层，选择菜单栏中的 编辑(E) → 变换(A) → 旋转(R) 命令，对图像进行旋转，效果如图 11.5.60 所示。

（62）将背景图层作为当前图层，设置前景色为绿色（R：94，G：130，B：52），设置背景色为黄色（R：255，G：241，B：0），利用渐变工具 在背景图层中从上向下拖曳鼠标，对其进行线性填充，效果如图 11.5.61 所示。

图 11.5.60　旋转图像

图 11.5.61　填充渐变

（63）选择菜单栏中的 滤镜(T) → 杂色 → 添加杂色... 命令，弹出"添加杂色"对话框，设置其对话框参数如图 11.5.62 所示。

（64）设置完成后，单击 确定 按钮，添加杂色后的效果如图 11.5.63 所示。

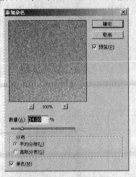

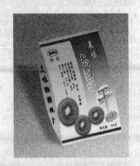

图 11.5.62　"添加杂色"对话框　　　　图 11.5.63　添加杂色后的效果

（65）选择菜单栏中的 滤镜(T) → 模糊 → 动感模糊... 命令，弹出"动感模糊"对话框，设置参数如图 11.5.64 所示。

（66）设置完成后，单击 确定 按钮，应用动感模糊滤镜后的效果如图 11.5.65 所示。

图 11.5.64　"动感模糊"对话框　　　　图 11.5.65　应用动感模糊滤镜的效果

（67）选择菜单栏中的 滤镜(T) → 扭曲 → 水波... 命令，弹出"水波"对话框，设置其对话框参数如图 11.5.66 所示，设置完成后，单击 确定 按钮。

（68）选择菜单栏中的 滤镜(T) → 画笔描边 → 喷溅... 命令，弹出"喷溅"对话框，设置喷色半径为"25"，平滑度为"15"，单击 确定 按钮，效果如图 11.5.67 所示。

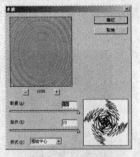

图 11.5.66　"水波"对话框　　　　图 11.5.67　应用喷溅滤镜效果

（69）选择菜单栏中的 滤镜(T) → 渲染 → 光照效果... 命令，弹出"光照效果"对话框，设置其对话框参数如图 11.5.68 所示。

（70）设置完成后，单击 确定 按钮，可为图像添加光照效果，最终效果如图 11.5.1 所示。

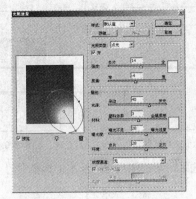

图 11.5.68　"光照效果"对话框

实例6　药品包装盒设计

创作目的

本例将设计药品包装盒，最终效果如图 11.6.1 所示。

图 11.6.1　效果图

创作步骤

（1）选择菜单栏中的 文件(F) → 新建(N)... 命令，弹出"新建"对话框，设置其参数如图 11.6.2 所示，设置完成后，单击 确定 按钮，即可新建一个图像文件。

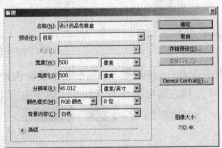

图 11.6.2　"新建"对话框

（2）单击工具箱中的"矩形选框工具"按钮，在图像中绘制一个矩形选区，如图 11.6.3 所示。

（3）单击工具箱中的"渐变工具"按钮，在属性栏中设置渐变颜色为橘红色→黄色→橘红色，在选区内从左上向右下拖曳鼠标填充渐变，如图 11.6.4 所示。

图 11.6.3　绘制矩形选区　　　　　　　　　图 11.6.4　填充渐变

（4）按"Ctrl+D"键取消选区，新建图层 2，单击工具箱中的"钢笔工具"按钮 ，在图像中创建路径，如图 11.6.5 所示。

（5）在 面板底部单击"将路径作为选区载入"按钮 ，即可将路径转换为选区，设置前景色为灰色，按"Alt+Delete"键填充选区，如图 11.6.6 所示。

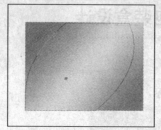

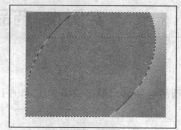

图 11.6.5　绘制路径　　　　　　　　　图 11.6.6　填充选区

（6）选择菜单栏中的 选择(S) → 变换选区(T) 命令，可为选区添加变换框，按住鼠标调节变换框的大小后，按回车键确认选区的变换操作。

（7）新建图层 3，设置前景色为白色，按"Alt+Delete"键填充变换后的选区，如图 11.6.7 所示。

（8）新建图层 4，单击工具箱中的"矩形选框工具"按钮 ，在图像中绘制一个选区，如图 11.6.8 所示。

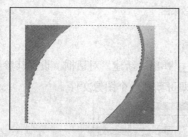

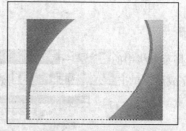

图 11.6.7　填充变换后的选区　　　　　　　图 11.6.8　创建矩形选区

（9）单击工具箱中的"渐变工具"按钮 ，在属性栏中设置前景色为绿色，背景色为白色，渐变方式为径向渐变，在选区中从左到右拖曳鼠标填充渐变，效果如图 11.6.9 所示。

（10）取消选区，选择菜单栏中的 滤镜(T) → 扭曲 → 水波... 命令，弹出"水波"对话框，设置其参数如图 11.6.10 所示。

（11）设置完参数后，单击 确定 按钮，效果如图 11.6.11 所示。

（12）按住"Ctrl"键的同时单击图层 3，载入其选区，按"Ctrl+Shift+I"键反选选区，按"Delete"键删除选区内的图像，如图 11.6.12 所示。

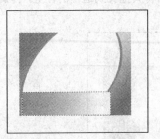

图 11.6.9　为选区填充颜色

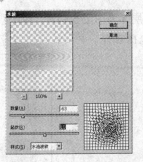

图 11.6.10　"水波"对话框

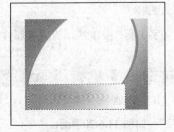

图 11.6.11　应用水波滤镜后的效果

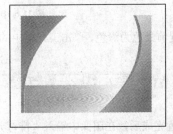

图 11.6.12　删除选区内的图像

（13）按"Ctrl+D"键取消选区，新建图层 5，单击工具箱中的"形状工具"按钮，弹出"形状工具"属性栏，设置其参数如图 11.6.13 所示。

图 11.6.13　"形状工具"属性栏

（14）在图像中绘制如图 11.6.14 所示的图形，并对其进行填充，效果如图 11.6.15 所示。

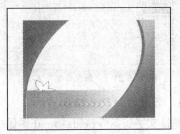

图 11.6.14　绘制图形效果

图 11.6.15　填充图形效果

（15）单击图层面板底部的"添加图层样式"按钮，在弹出的下拉菜单中选择描边选项，弹出"图层样式"对话框，设置其"描边"选项参数如图 11.6.16 所示。

（16）重复步骤（15）的操作，为图像添加内发光样式，效果如图 11.6.17 所示。

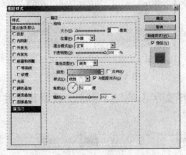

图 11.6.16　"图层样式"对话框

图 11.6.17　应用样式效果

227

（17）复制图层 5 为图层 5 副本，使用移动工具将其拖曳到适当的位置，并调整图像的大小和位置，效果如图 11.6.18 所示。

图 11.6.18　复制并调整图像

（18）设置前景色为绿色，单击工具箱中的"横排文字工具"按钮 T，设置其属性栏如图 11.6.19 所示。

图 11.6.19　"横排文字工具"属性栏

（19）设置完成后，在图像中输入"排毒养颜颗粒"，如图 11.6.20 所示。

（20）单击图层面板底部的"添加图层样式"按钮 fx，在弹出的下拉菜单中选择 渐变叠加... 命令，弹出"渐变叠加"对话框，设置其参数如图 11.6.21 所示。

图 11.6.20　输入文字

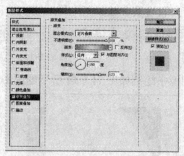

图 11.6.21　"渐变叠加"选项

（21）设置完参数后，单击 确定 按钮，效果如图 11.6.22 所示。

（22）设置前景色为白色，单击工具箱中的"横排文字工具"按钮 T，在图像中输入"新科"，设置其字体为"华文行楷"、字号为"18"，效果如图 11.6.23 所示。

图 11.6.22　应用样式效果

图 11.6.23　输入文字

（23）设置前景色为黑色，单击工具箱中的"横排文字工具"按钮 T，设置其属性栏如图 11.6.24 所示。

图 11.6.24　"横排文字工具"属性栏

228

（24）设置完参数后，在图像中输入药品功能文字，效果如图 11.6.25 所示。

（25）重复步骤（23）的操作，在图像中输入厂址，设置其字体为"黑体"、字号为"13"，效果如图 11.6.26 所示。

图 11.6.25　输入药品功能文字

图 11.6.26　输入厂址文字

（26）合并除背景层以外的其他图层为"图层 1"，按"Ctrl+R"键显示标尺，再用鼠标画出两条参考线，位置如图 11.6.27 所示。

（27）新建图层 2，单击工具箱中的"矩形选框工具"按钮，在图像中绘制一个选区。

（28）设置前景色为橘红色，背景色为黄色，对选区进行渐变填充，效果如图 11.6.28 所示。

图 11.6.27　新建参考线

图 11.6.28　填充选区

（29）单击工具箱中的"横排文字工具"按钮 T，在图像中输入文字，效果如图 11.6.29 所示。

（30）复制图层 2 为图层 2 副本，选择菜单栏中的 编辑(E) → 变换 → 旋转 90 度(顺时针)(9) 命令，旋转复制后的图像，并将其移动到如图 11.6.30 所示的位置。

图 11.6.29　填充选区效果

图 11.6.30　复制并变换图像

（31）打开一幅条形码图像文件，将其复制粘贴到新建图像中，按"Ctrl+T"键调整图像的大小和位置，效果如图 11.6.31 所示。

（32）将图层 1 作为当前图层，选择菜单栏中的 编辑(E) → 变换 → 斜切(K) 命令，为图像添加变形框，用鼠标拖曳变形框可对图像进行变形，再使用移动工具将其移至图像的右下角，如图 11.6.32 所示。

（33）合并图层 2 与文字图层为"图层 2"，选择菜单栏中的 编辑(E) → 变换 → 斜切(K) 命令，对图层 2 中的图像进行变形处理，效果如图 11.6.33 所示。

（34）合并图层 3 与文字图层为"图层 3"，选择菜单栏中的 编辑(E) → 变换 → 斜切(K) 命令，对其进行相应的变形处理，效果如图 11.6.34 所示。

图 11.6.31　复制并调整图像

图 11.6.32　变换图像

图 11.6.33　变换图像

图 11.6.34　变换图像

（35）将背景图层作为当前图层，单击工具箱中的"渐变工具"按钮，在属性栏中设置前景色为浅绿色，背景色为白色，渐变方式为径向渐变，在图像中从中心拖曳鼠标填充渐变，效果如图 11.6.35 所示。

（36）选择菜单栏中的 滤镜(T) → 纹理 → 纹理化... 命令，弹出"纹理化"对话框，设置其属性如图 11.6.36 所示。设置完参数后，单击 确定 按钮，效果如图 11.6.37 所示。

图 11.6.35　渐变填充效果

图 11.6.36　"纹理化"对话框

（38）选择菜单栏中的 滤镜(T) → 模糊 → 动感模糊... 命令，弹出"动感模糊"对话框，设置其参数如图 11.6.38 所示。设置完参数后，单击 确定 按钮，最终效果如图 11.6.1 所示。

图 11.6.37　添加杂色后的效果

图 11.6.38　"动感模糊"对话框